101

个神奇的实验

101个生活实验

海豚传媒 / 文　　睿鹰绘画工作室 / 图

少年儿童出版社

图书在版编目（CIP）数据

101个生活实验 / 海豚传媒文；睿鹰绘画工作室图. —
上海：少年儿童出版社，2021
（101个神奇的实验）
ISBN 978-7-5589-1233-7

Ⅰ.①1… Ⅱ.①海… ②睿… Ⅲ.①科学实验—少儿读
物 Ⅳ.①N33-49

中国版本图书馆CIP数据核字（2021）第139919号

101个神奇的实验

101个生活实验

海豚传媒 文
睿鹰绘画工作室 图
黄尹佳 邓雨薇 装帧

责任编辑 周颖琪 策划编辑 王浩淼
责任校对 陶立新 美术编辑 陈艳萍 技术编辑 许 辉

出版发行 上海少年儿童出版社有限公司
地址 上海市闵行区号景路159弄B座5-6层 邮编 201101
印刷 深圳市福圣印刷有限公司
开本 787×1092 1/16 印张 8 字数 50千字
2021年9月第1版 2023年2月第7次印刷
ISBN 978-7-5589-1233-7 / N·1201
定价 32.00元

前 言

　　从孩子牙牙学语开始，他们就好像有问不完的问题，有些问题天马行空，有些问题不可思议。尤其是进入小学之后，他们问的问题越来越深奥：指南针为什么一直指向南北？为什么天空是蓝色的而不是其他颜色？声音为什么能让纸振动？氢气球怎么才能悬浮在空中不飘走……面对这些无法用简单言语解释清楚的科学现象和原理，我们该怎么做呢？

　　学科学，不做实验怎么行？

　　你是否纠结于实验设备不足而无法完成实验？你是否担心实验材料难以获取而无法开展实验？你是否害怕实验有一定的危险而不敢尝试……你所纠结、担心、害怕的一切，在《101个生活实验》面前都不是问题，设备不足？牙签、纸杯、气球、筷子……完全不用担心，这些物品都是实验室器材的"平价替代品"！实验材料难以获取？鸡蛋、面粉、苹果、肥皂……看吧，这些物品在你家厨房、卫生间随处可见！实验有危险？不存在的，我们精挑细选了适合8~10岁儿童在家独立操作的实验，10分钟就能实现你的科学梦，安全可靠无污染！

看100本书不如动一次手！来吧，快来跟随《101个生活实验》，一起来体验实验的乐趣吧！

你一定也有以下疑问：

• **阳光是白色的吗？**

• 怎么让水分出不同颜色的层次？

• 怎么才能知道风从哪里吹来？

• 为什么太阳暴晒下，深色气球

很容易就炸了，而浅色气球则不会？

- 为什么刚煮熟的鸡蛋用冷水泡过就很容易剥壳了？
- 咸蛋是怎么做出来的？
- 各种各样形状的巧克力是怎么制作的？
- 苹果切开后怎么才能让它不变黑？
- 为什么感冒鼻塞后，吃什么都没味道？
- 折成什么形状的纸最能承重呢？

......

不用担心，在这里，你的问题都将得到回答。让我们通过一个个简单易操作的实验，拨开科学的层层迷雾，寻找真相，理解专业概念。当然，最后的术语表也要好好利用起来哟！

你准备好了吗？让我们一起来打开科学的大门吧！

目 录

昆虫实验

植物实验

光的实验

术语表

1.会魔法的吸管（难度：★★★☆☆）

你能将吸管插进土豆里面吗？

你需要
- 1根普通的酸奶吸管
- 1个土豆

这样做
- 用手握住吸管中间部位。
- 将吸管戳向土豆。
- 再将拇指紧扣在吸管顶端。
- 再一次将吸管戳向土豆。

会发生什么

如果只是握住吸管中间部位，此时戳向土豆后，吸管无法承受如此大的压力，会变弯曲，不能穿透土豆。而将手指紧扣在吸管顶端后再戳向土豆，就能轻松穿透它。

为什么会这样

当细长的杆状材料受到竖直方向的压力时，如果柔度过大或者压力过大，材料会突然弯曲变形，丧失承载能力，这种现象叫作"失稳"。当细长的吸管戳向土豆时，由于吸管的强度低、柔度大，很容易失稳变形，难以穿透坚硬的土豆。

当我们用拇指紧扣在吸管的顶端，再戳向土豆，此时吸管内的空气处于密闭状态，空气将被压缩，并对吸管内壁产生巨大的压力，从而增强了吸管硬度和抗弯曲能力，因此吸管"变硬"，自然而然就可以穿透土豆了。

既然我们知道了这个原理，以后用吸管戳酸奶或饮料盖时，就可以使用这个办法，这样就不用担心把吸管戳弯了。

2.吸管笛子（难度：★★★★☆）

吸管能像笛子一样吹出声音吗？

你需要
- 1根吸管
- 1个水杯
- 1把美工刀

这样做

- 在吸管三分之一处切个约四分之三深度的小口。
- 在吸管切口处弯折出一定的角度，尽量接近直角。
- 往水杯中倒满清水。
- 将吸管靠近切口的一端插入水中，然后从另一端用力吹气。
- 吹气的同时不断改变吸管插入水中的深度，并留意发出的声音的变化。

会发生什么

声音随吸管插入深度的变化而变化。抬高吸管，声音变低；压低吸管，声音变高。

为什么会这样

原来，吹入的气流经过吸管切口处时，气流撞击到吸管下端内壁产生旋涡引起共鸣而发出声响。声音的高低则与吸管内空气多少有关，抬高吸管时，吸管内空气变多，声音变低；压低吸管，吸管内空气变少，声音变高。因此，不断改变吸管插入的深度，声音也随之发生变化。

这也是竹笛发声和音调变化的基本原理。笛子上面开有若干小孔，吹孔是笛身左端第一个孔。笛子能发音，就是通过吹孔把气灌进笛管内，使管内空气柱振动而发出声音。在吹孔与笛头之间，有木片塞住，称为笛头塞，其位置是决定笛子音调的因素之一。

3.分层的水（难度：★★★☆☆）

怎样用吸管让水分出层次呢?

你需要

- 1根吸管
- 水和盐
- 2个小杯子
- 红色和绿色的颜料

这样做

- 分别把2个杯子标记为1、2。

- 先往1号杯子里加入水和红色颜料，再往杯子里加入盐。

- 再往2号杯子里加入水和绿色颜料，不用加盐。

- 把吸管先伸到2号杯子里，然后用大拇指堵住吸管上面的开口，把水吸上来。

- 把吸有绿色溶液的吸管伸到1号杯子的红色溶液中去。

- 然后把大拇指放开1~2秒钟，再用大拇指堵住吸管口。

- 最后把吸管从1号杯子里拿出来。

会发生什么

你会发现吸管中有两种不同颜色分层的溶液。

为什么会这样

之所以会出现分层为两种颜色的溶液，是因为这两种溶液的密度不一样。红色溶液是盐水，绿色溶液是自来水，盐水的密度大于自来水，所以绿色溶液在红色溶液上方，并出现分层。

为什么吸管可以把溶液吸上来？这是因为大气压强。插入吸管后，吸管内外压强一致，水进入吸管。用手指堵住吸管口，将吸管提起后，吸管内大气压强降低，水就留在了试管里。

4.自动充气的气球（难度：★★☆☆☆）

小苏打和醋在一起会发生什么？

你需要
· 气球
· 1个1.5升的空塑料瓶
· 勺子
· 漏斗
· 小苏打
· 醋

这样做
· 往瓶里倒入三分之一瓶的醋。
· 在瓶口套上漏斗，并加入3勺小苏打。
· 把气球套在瓶口上。

会发生什么
瓶内会产生大量气泡，并伴有"咕噜咕噜"的响声，气球会被慢慢吹大，如果你不取下气球，它甚至可能被吹爆。

为什么会这样
小苏打是碳酸氢钠，白醋中含有醋酸，碳酸氢钠与醋酸发生化学反应，生成醋酸钠与碳酸，而碳酸不稳定会继续分解为二氧化碳和水，大量的二氧化碳气体就会把气球吹起来。

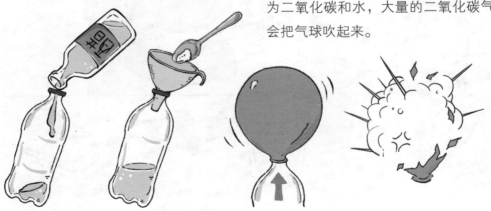

5.扎不破的气球（难度：★★★★☆）

为什么用图钉扎气球，气球不会破？

你需要
- 1个气球
- 1盒图钉
- 1个打气筒

这样做
- 用打气筒给气球充气，不用充得太满。
- 将图钉扎进气球底部较厚的位置。
- 然后，拔出图钉。

会发生什么

　　将图钉小心地扎入气球底部，气球不会被扎爆。拔出图钉，气球也不会爆炸，而是漏气，气球慢慢地变小。如果将图钉插回去，气球又停止变小。

为什么会这样

　　当用图钉轻轻地从气球底部扎入时，气球的橡胶分子起到了缓冲的作用，所以气球没有爆炸。橡胶属于高分子聚合物，长链分子被拉伸会引起断裂。在吹气球的过程中，中间部分颜色会渐渐变浅，是因为橡胶分子被拉伸开来，而气球底部聚集了大量没有被拉伸的橡胶分子，拉伸程度小、收缩力大，图钉扎了之后，长链分子难以被大量破坏，所以气球不会发生爆炸。

6.带电的气球（难度：★★★☆☆）

两个气球什么情况下会相互排斥，什么情况下会相互吸引?

你需要
- 2个气球
- 1个打气筒
- 1根细绳
- 1块小纸板

这样做
- 将2个气球打满气，并打结。
- 用绳子连接2个气球。
- 拿气球在头发上摩擦。
- 拉住绳子中间。
- 把纸片放在2个气球中间。

会发生什么

　　提起绳子，2个气球会立马分开，把纸片放在气球中间，2个气球又相互吸引。

为什么会这样

　　2个气球带着相同的电荷，会相互排斥。纸片放在中间时，因为纸片不带电荷，两个气球都会被纸片吸引，所以相互靠拢。你还可以将带有静电的气球在房间的角落里滚一下，气球表面马上就会吸附一层灰，2个气球也不会再互相排斥了。

7.沉浮小水球（难度：★★★☆☆）

为什么水球泡"冷水澡"和泡"热水澡"时会呈现不一样的状态？

你需要
- 2个气球
- 2个玻璃杯
- 冷水、热水

这样做

- 往2个气球中装入冷水。
- 1个玻璃杯中盛冷水。
- 1个玻璃杯中盛热水。
- 将2个水球分别放入2个玻璃杯中。

会发生什么

水球在热水中下沉，在冷水中会浮上来。

为什么会这样

在物理学中，某种物质的质量与单位体积的比值叫作这种物质的密度。在同等大小的条件下，有时人们会感觉重的东西"实"一点，轻的东西"松"一点，这里的"实"和"松"，实质上指的是物体密度的大与小。

本次实验中，我们探究的是水的密度，可以从图中看到冷水和热水密度的不同。冷水的密度相对比热水大，所以冷水球在热水中会下沉，在冷水中会上浮。

8.橙子皮汁炸气球（难度：★★★☆☆）

为什么淋上橙子皮汁，气球就爆炸了呢?

你需要

- 2个气球
- 1片橙子皮
- 1个剥了皮的橙子
- 1个打气筒

这样做

- 用打气筒将2个气球充满气，然后打结。
- 对着其中一个气球挤出橙子皮的汁液。
- 再对着另外一个气球挤出橙汁。

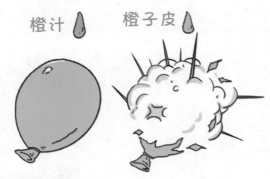

橙汁　　橙子皮

会发生什么

当橙子皮的汁液与气球接触后，气球瞬间爆炸。而当橙子果肉的汁液与气球表面接触时，气球并没有爆炸。

为什么会这样

因为柑橘类水果的表皮密布着小疙瘩，其中含有黄酮、柠檬酸、芳香烃类化合物，芳香烃对橡胶具有很强的溶解性，会使气球的乳胶层变薄而破裂。而果肉果汁含糖类、酸类和一些维生素，酸类物质浓度较低，对气球的溶解性也较弱。橙汁饮料的浓度更低，所以根本不起作用。家长和小孩吃完橙子后，要将剥过果皮的手用清水冲洗干净，顺势将果皮扔进垃圾桶内，不要再触碰气球。另外，除了柑橘类果皮中含有芳香烃类化合物，高浓度的白酒中也有，所以饮用时也需要注意这一点。

9.图钉上跳舞的气球（难度：★★★☆☆）

图钉为什么扎不破气球呢?

你需要
- 2盒图钉
- 1个打气筒
- 1个气球

这样做

- 用打气筒将气球充满气，然后打结。
- 将图钉针朝上放在桌子上。
- 将充气的气球用力压在图钉上。

会发生什么

　　不管怎么用力压，气球都不会爆炸，甚至还可以在图钉上跳舞。

为什么会这样

　　这是一个关于压强知识的实验，只有一颗图钉时，接触面积小而压强大，气球很容易会爆炸；有很多图钉时，接触面积大，压强变小，所以气球不容易被扎破。

10.停在空中的气球（难度：★★★☆☆）

充满氢气的气球可以停在空中固定的位置吗？

你需要
· 1个氢气球
· 1根绳子
· 若干个小铃铛
· 若干支铅笔
· 若干块橡皮擦

这样做

· 把准备好的不同物品系在气球上。
· 所系物品的重量要反复试几次，直至气球能停在空中。

会发生什么

当系上合适重量的物品后，气球就可以稳稳地停在空中某一位置。

为什么会这样

空气的密度是不一样的，冷空气密度比较大，热空气密度比较小，所以房间上面的空气密度比较小，下面的空气密度比较大。当气球所受的空气浮力和重力相等时，气球就可以稳稳地停在某一位置不动。

11.吸起杯子的气球（难度：★★★☆☆）

一个气球能吸起一个玻璃杯吗？

你需要
· 1个气球
· 1个打气筒
· 1个空的玻璃杯
· 1盒火柴

这样做

· 用打气筒将气球充满气，然后打结。
· 点燃数根火柴。
· 将火柴迅速丢到杯中燃烧。
· 燃尽后，用气球底部封住杯口。

会发生什么

一段时间后，将气球提起，杯子也被吸起来了。

为什么会这样

火柴在杯中燃烧后，杯内温度比周围空气温度要高，因此杯内空气膨胀，溢出了一部分。这时用气球封住杯口，一段时间后，杯内空气冷却至室温，空气收缩，杯内气压比大气压低，气球的一部分会被大气压挤进杯中，所以，将气球提起时就会吸起杯子。

中医里的"拔火罐"也是利用了这个原理。这是一种以杯罐作工具，借热力排去其中的空气产生负压，使其吸附于皮肤，并造成局部瘀血，以达到通经活络、祛寒止痛的中医疗法。所以这次的实验我们也可以想象成为气球拔了一次罐哟！

12.爆炸的气球（难度：★★★☆☆）

同样的情况下，为什么黑色的气球会爆炸？

你需要
- 1个白色的气球
- 1个黑色的气球
- 1个放大镜

这样做

- 将白色的气球吹大，捏紧气球口。
- 小心地把黑色气球塞进白色气球里，要让气球口露在外面。
- 同时捏紧白色的气球口，以免漏气。
- 把黑色气球吹起来，不能吹得太大，要让它在白色气球里有活动空间。
- 吹好以后给气球打上结，让黑色气球彻底进入白色气球里面。
- 给白色气球也打上结，这样我们就得到了2个套在一起的气球。
- 拿出放大镜，把气球放在阳光底下，让放大镜隔开一段距离照着气球。
- 小朋友不要靠得太近，以免被意外伤到。

会发生什么

里面的黑色气球居然炸开了。

为什么会这样

其实这里涉及两个物理学原理。

一是黑色能吸收所有光的原理。光具有热能，当黑色吸收了所有的光，黑色气球就相当于被加热了。

二是放大镜对光的聚焦原理。放大镜是一种凸透镜，可以把光聚成一点。实验里的放大镜把一部分太阳光的热量都聚焦在了气球上。

所以，实验里的黑色气球吸收了一定的热量，就膨胀爆炸了！而外面的白色气球没有吸收太多热量，所以完好无损。

13.气球转圈圈（难度：★★★☆☆）

为什么几个气球绑在一起，风扇一吹就转圈圈？

你需要
- 几个不同颜色的气球
- 1个打气筒
- 双面胶
- 电风扇

这样做
- 用打气筒把气球都充满气。
- 用双面胶将气球粘成一个圆形的"花环"。
- 然后用电风扇对着气球"花环"吹。

会发生什么

只见气球"花环"在空中旋转起来。

为什么会这样

因为气球是粘在一起的，气球"花环"的表面都是曲面，当气流吹向曲面的时候，速度会加快，压力会变小；而外围的气流速度慢，压力较大，外围气流随曲面流动致使气球和气流互相吸引，从而使得气球快速转动。

14.透明蛋（难度：★★★☆☆）

如何把生鸡蛋外壳去掉，而不使里面的蛋液散掉?

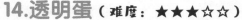

你需要
· 2个鸡蛋
· 2个玻璃杯
· 水
· 醋

这样做

· 1个鸡蛋放进装有水的杯子里。

· 1个鸡蛋放进装有醋的杯子里。

· 过一段时间把醋换一次。

会发生什么

5~6个小时后就会出现不同的变化，几天后，放在装有醋的杯子里的蛋会变得非常软，而且外壳逐渐透明，最后几乎完全消失，我们可以看见里面的蛋黄，感觉非常神奇。

为什么会这样

蛋壳主要是由碳酸钙组成的，而醋里的醋酸会将它完全溶解，并会产生二氧化碳，这个过程被称作"脱钙"，主要分两个阶段，先是蛋壳变软，然后是完全消失。同时，鸡蛋的体积看起来也会比之前大一些，这是因为醋里面的水等小分子物质进入鸡蛋内部，而鸡蛋内部的蛋白质大分子则无法穿出，所以膨胀变大。

15.逆流而上的鸡蛋（难度：★★★☆☆）

为什么水流冲击鸡蛋的时候，鸡蛋反而会一直浮着？

你需要
· 鸡蛋
· 玻璃杯
· 自来水龙头

这样做
· 把鸡蛋放在玻璃杯里。
· 把玻璃杯放在水龙头下面的水槽里。
· 打开水龙头。

↓

会发生什么

在水流的冲击下，鸡蛋会一直浮在水面上，当水龙头关闭，鸡蛋就沉了下去。

为什么会这样

当水流快速冲击鸡蛋时，会从底部对鸡蛋产生一种向上的力，鸡蛋便浮了起来。当没有水流冲击时，这个向上的力就没有了，鸡蛋的密度大于水，所以鸡蛋自然就沉下去了。

16.镜子煮鸡蛋（难度：★★★☆☆）

为什么镜子可以煮熟鸡蛋？

你需要

· 十几面小镜子
· 生鸡蛋
· 小锅
· 热水
· 炎热的一天

这样做

· 把热水装入小锅。

· 把鸡蛋放入锅内。

· 把小锅放在户外的空地上。

· 调整十几面小镜子的方向，使所有镜子反射的太阳光都对准小锅。

会发生什么

一段时间之后，锅里的水发烫，并烧开了，鸡蛋也煮熟了。

为什么会这样

很多镜子反射的太阳光聚集在一起，产生了很大的热量，锅里的热水吸收了这些热量。当热量聚集到一定程度，水就沸腾烧开了，锅里的鸡蛋也煮熟了。

17.剥鸡蛋（难度：★★★☆☆）

把鸡蛋煮熟之后，怎样才能更容易剥掉蛋壳？

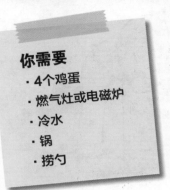

你需要
· 4个鸡蛋
· 燃气灶或电磁炉
· 冷水
· 锅
· 捞勺

这样做

· 在锅里加水，并放入4个鸡蛋。
· 将装有鸡蛋的锅放在燃气灶（或电磁炉）上煮熟。
· 将其中2个鸡蛋立刻放入冷水里冷却。
· 将另外2个鸡蛋放在常温的水里冷却。

会发生什么

几分钟后，分别剥掉鸡蛋壳。放在冷水里冷却的鸡蛋，比放在常温的水里冷却的鸡蛋更容易剥掉蛋壳。

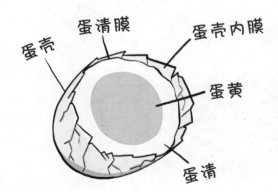

为什么会这样

由于蛋清和蛋壳的热膨胀系数不一样，煮鸡蛋的时候，蛋清受热膨胀，部分蛋清就进入蛋壳的空腔部分。煮熟的鸡蛋放入冷水中，由于蛋清收缩系数大，体积变小，而蛋壳的主要成分是碳酸钙，收缩系数小，在冷水中体积变化不大，于是鸡蛋壳内膜与蛋清膜之间形成了一定的空隙，鸡蛋壳就很好剥了。另外，新鲜的鸡蛋由于空腔部分小，煮熟后即使用水冷却了也不太好剥壳。

18.越来越烫的鸡蛋（难度：★★★☆☆）

为什么鸡蛋会越来越烫？

你需要

· 1个鸡蛋
· 燃气灶或电磁炉
· 锅
· 水
· 捞勺

这样做

· 把鸡蛋放进锅里并加入适量的水。
· 把锅放在燃气灶（或电磁炉）上，开火将水烧开，并煮熟鸡蛋。
· 用捞勺捞出鸡蛋。

会发生什么

　　刚捞出的鸡蛋拿在手里，虽然烫，但还可以接受；等鸡蛋上的水分干了之后，会感觉比刚捞出来的时候还要烫。

为什么会这样

　　刚煮熟的鸡蛋从水里捞出来，鸡蛋壳上会有一些水分，虽然水原来也是100℃的，但这些水在蒸发过程中会大量吸收鸡蛋壳上的热量，所以，鸡蛋壳表面的温度会降低。当水分完全蒸发以后，鸡蛋内部的热量还会散发出来，使蛋壳变热，而这时已经没有可以吸收热量的水分了，所以鸡蛋会让人觉得更烫手。

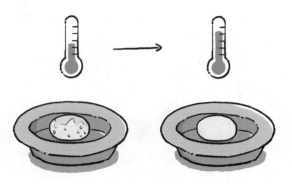

19.鸡蛋变身记（难度：★★★☆☆）

为什么鸡蛋上抹上足量的盐，过段时间鸡蛋就变成咸蛋了？

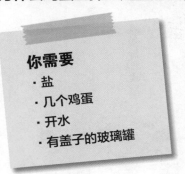

你需要
· 盐
· 几个鸡蛋
· 开水
· 有盖子的玻璃罐

这样做

· 腌制前先将食盐溶于开水，以呈饱和状态为准(盐重约为水重的20％)。
· 待盐水冷却后，将洗净晾干的鸡蛋，一个个地放入盐水中，盖上玻璃罐，密封并置于通风处。
· 25天左右即可开罐取出。

会发生什么

25天之后，取出鸡蛋，清洗干净，会发现鸡蛋变成了咸蛋。

为什么会这样

鸡蛋腌制时，盐水中的盐分通过蛋壳、壳膜、蛋清膜渗入蛋内，蛋内的水分也不断渗出。蛋腌制成熟时，蛋液内所含食盐的浓度与蛋壳外盐水中的盐分浓度相近。高渗的盐分使细胞体的水分脱出，从而抑制了细菌的生命活动。同时，食盐可降低蛋内蛋白酶的活性和细菌产生蛋白酶的能力，从而减缓了蛋的变质速度。食盐的渗入和水分的渗出，改变了鸡蛋原来的性状和风味，于是鸡蛋就变成了咸蛋。

20.鸡蛋潜水艇（难度：★★★☆☆）

鸡蛋在盐水里会下沉吗？

你需要

· 1个鸡蛋

· 1个大玻璃杯

· 温水

· 汤勺

· 盐

这样做

· 往玻璃杯中倒入半杯温水。

· 把鸡蛋轻轻放入杯子里。

· 在水中一边加盐一边搅拌，并观察。

· 直到鸡蛋浮出水面后，停止加盐。

· 沿着杯壁缓缓注入温水，直至加满。

会发生什么

　　鸡蛋放入清水时是沉入杯底的，加入盐后，鸡蛋会慢慢浮起来，再注入清水，鸡蛋又会缓缓下沉。

清水　　　　盐水

为什么会这样

　　这是一个密度问题。鸡蛋放入清水时是沉入杯底的，说明鸡蛋的密度大于水的密度；而加入盐后，盐水的密度大于鸡蛋的密度，所以鸡蛋又慢慢浮了起来；再注入清水，盐水被渐渐稀释，密度降低，当降低到小于鸡蛋的密度时，鸡蛋就又会缓缓下沉。死海不"死"的原理也是如此。人在死海里不会沉下去，就是因为死海的含盐量较高，导致海水的密度大于人体的密度，所以人会漂浮在死海上而不会沉下去。

21.软软的土豆条（难度：★★★☆☆）

为什么土豆条遇上盐会变软变短?

请在家长协助下操作

你需要
- 1个土豆
- 1个削皮器
- 1把刀
- 2个玻璃碗
- 1把勺子
- 1卷软尺
- 盐
- 水
- 笔和纸

这样做

- 将土豆削皮，然后切出2根粗细、长度均相同的土豆条。
- 用软尺量出它们的长度，并记录数值。
- 往2个玻璃碗中注入水。
- 将1勺盐溶解到其中一个玻璃碗的水中。
- 将2根土豆条分别放入2个玻璃碗中。
- 4小时后，比较2根土豆条的长度和硬度。

会发生什么

　　在盐水中浸泡过的土豆条变得松软，而另一根土豆条依然坚硬。另外，在盐水中浸泡过的土豆条，长度缩短了。

为什么会这样

　　简单来说，就是盐水浓度高，而土豆的细胞液浓度低，液体会从浓度低的地方流向浓度高的地方，导致土豆流失了大量细胞液，体积和质量会相应减少。而清水杯中的土豆会从杯中吸水，因此土豆会变硬。人们将这种颗粒流动的过程称为"扩散"，如果颗粒可以穿过半渗透性的细胞壁或者细胞膜，这种过程就叫作"渗透"。

土豆在盐水中失水　　　　土豆在水中吸水

22.小小的保鲜膜（难度：★☆☆☆☆）

为什么保鲜膜的附着力很强？

你需要
· 1卷保鲜膜
· 1个塑料碗
· 1个玻璃碗

这样做

· 撕下一张保鲜膜，将它盖在塑料碗上。
· 再撕下一张保鲜膜，将它盖在玻璃碗上。

会发生什么

保鲜膜紧紧地贴在了玻璃碗上，但在塑料碗上却粘得不牢固，很容易脱落。

为什么会这样

保鲜膜很薄，而且表面光滑。保鲜膜越光滑，就越能紧紧贴在其他物体上，比如碗的边缘。如果物体表面同样光滑，那么保鲜膜就会粘得非常牢，比如玻璃碗；而塑料碗或陶瓷碗的表面大多很粗糙，保鲜膜就无法很好地附着在上面。

大多数保鲜膜是由聚氯乙烯或低密度聚乙烯制成，这两种物质都是长链分子聚合物，盘绕在一起的长链可以被拉伸，使保鲜膜可以覆盖在盘子或碗上。

23.变化无穷的巧克力（难度：★★★☆☆）

超市里买的巧克力有各种各样的形状，它们是怎么制作的呢？

你需要

- 巧克力块
- 小不锈钢碗
- 大碗
- 小兔子模具
- 热水
- 冰箱
- 小刀
- 黄油
- 汤勺

这样做

- 切一些巧克力块放在小不锈钢碗里。
- 加入一小块黄油。
- 在大碗里倒入热水。
- 把小碗放入大碗里。
- 搅拌巧克力和黄油，直到它们融化。
- 把融化了的巧克力溶液倒入兔子形状的模具里。
- 把模具放进冰箱冷冻。

会发生什么

十几分钟之后，拿出模具，一个小兔巧克力就出现了。

为什么会这样

巧克力在30℃左右就开始融化，不锈钢碗的导热性很好，所以用热水加热就可以使巧克力融化。巧克力是一种软质的食品，放在冰箱里可以加速巧克力的冷却凝固，使其分子紧凑，更容易从模具中拿出。

有些材料在加热或冷却时会发生变化，如许多金属和塑料在加热时会熔化，冷却后又会变得坚固起来。

24.神奇的面团（难度：★★★☆☆）

为什么酵母可以让面团变得松软？

你需要
· 酵母
· 温水
· 面粉
· 糖
· 2个碗
· 2个玻璃杯
· 2把勺子
· 1台厨房秤
· 1个量杯

这样做

· 用厨房秤称出10克酵母。

· 用量杯量出50毫升温水，然后倒入酵母。

· 将2个碗并排放在桌子上，每个碗中放入5勺面粉和3勺糖。

· 往一个碗中加入50毫升加有酵母的温水。

· 往另一个碗中加入50毫升普通的温水。

· 将2个碗中的混合物搅拌均匀，直到它们变成柔韧有黏性的面团。

· 往2个玻璃杯中注入温水。

· 往其中一个玻璃杯中放入加有酵母的面团，往另一个玻璃杯中放入没有酵母的面团，10分钟后观察面团发生的变化。

会发生什么

几分钟后，玻璃杯中加有酵母的面团开始浮起来，一直浮上水面，而没有酵母的面团依然沉在水底。

为什么会这样

酵母中含有一种微小的生物——酵母菌，这种真菌以面团中的糖分为食。在吞食糖分的过程中，它们会排出二氧化碳，就像在面团里"放屁"一样。排出的气体使面团变得更加松软，因此水中的面团过一段时间后会浮起来。糖分在酵母的作用下分解成二氧化碳等简单物质的过程，人们称之为"发酵"。

25.苹果木乃伊（难度：★★☆☆☆）

为什么苹果可以永久保存？

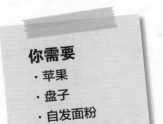

你需要
- 苹果
- 盘子
- 自发面粉

这样做

- 切2片同样大小的苹果片放在盘子里。
- 将其中一片充分地裹上面粉，另外一片保持原状。
- 现在，让它们在盘子里静置1周，记住要经常给裹上面粉的苹果片换新的面粉。

会发生什么

没有裹上面粉的苹果片已经腐烂变质，而裹上面粉的苹果片却依然新鲜。

为什么会这样

当苹果切开放置较长时间后，植物细胞在空气中的氧化分解作用加剧，苹果切面裸露的营养物质分解较多，果胶物质在酶的作用下进一步分解为果胶酸和甲醇，使得果肉松散、湿润、变色、变味，直至腐烂变质。

将精制小麦粉按比例与膨发剂搅拌均匀，可制成自发面粉。自发面粉中含有会吸收水分的碳酸钠。裹了自发面粉的苹果会因为失去水分而变成苹果干，并且几乎可以永久保存。

26.苹果保鲜法（难度：★★★☆☆）

你知道水果保鲜的巧妙方法吗？

你需要
· 1个苹果
· 1个柠檬
· 1台榨汁机
· 2个小碟子
· 1个厨房擦丝器

这样做

· 用榨汁机将柠檬榨出汁。
· 将苹果削皮，并分成两半。
· 用擦丝器将苹果擦成碎末，然后将苹果碎末均匀分成2份，分别放在2个碟子里。
· 将柠檬汁滴入其中一个装有苹果碎末的碟子里。
· 将2个碟子放置15分钟。

会发生什么

15分钟后，没有滴入柠檬汁的苹果碎末变成了褐色，而滴入柠檬汁的苹果碎末却保持了鲜亮的颜色。

为什么会这样

当空气中的氧气接触到苹果果肉时会发生化学反应，这是因为苹果含有0.1%左右的单宁，单宁属于多元酚类物质，极易氧化，苹果内的单宁与空气直接接触，遇氧就会发生氧化反应而变成褐色。而柠檬酸就像是一层保护膜，可以将氧气与苹果碎末隔离开来。下次去逛超市买东西时，不妨注意一下商品的成分说明，如果你发现有一些成分说明中含有酸性物质，那么它的作用可能就是为了让食物保鲜时间更久一些。

27.善变的红茶（难度：★★☆☆☆）

为什么茶里不能同时放牛奶和柠檬？

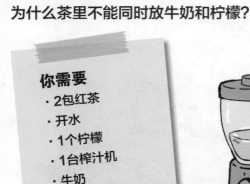

你需要

· 2包红茶
· 开水
· 1个柠檬
· 1台榨汁机
· 牛奶
· 2个高脚玻璃杯

这样做

· 分别往2个玻璃杯中各放入一包茶，然后倒入开水（倒开水时请注意安全哟）。

· 过几分钟后，等茶泡开，取出茶包。

· 将柠檬切成两半，往其中一杯茶里滴入柠檬汁，并观察变化。

· 再往已经滴入柠檬汁的茶杯中倒入一些牛奶。

会发生什么

滴入柠檬汁后，红茶的颜色变亮了，而向滴入柠檬汁的茶中倒入牛奶后，牛奶却凝结成块状了。

为什么会这样

牛奶中含有大量的蛋白质，蛋白质和酸会发生反应，结构改变，生成块状的物质。而且，牛奶中加柠檬汁这种饮用方法并不健康，柠檬属于高果酸果品，而果酸遇到牛奶中的蛋白质，就会使蛋白质变性，让牛奶口感变差。

28.奇特的冰冻（难度：★★★☆☆）

快要结冰的汽水，拿出冰箱，为什么还会结冰？

你需要
- 1瓶汽水
- 冰箱

这样做

- 把汽水放进冰箱冷冻。
- 在汽水将要结冰的时候，拿出来。
- 把汽水的瓶盖打开。

会发生什么

虽然是在常温下，但瓶中的汽水仍可以结冰。

为什么会这样

汽水中含有大量二氧化碳，凝固点较低，难以结冰。打开瓶盖后，二氧化碳开始汽化，凝固点升高了；同时，二氧化碳汽化时还会吸热，使汽水的温度降低，让本来快到凝固点的汽水结冰。你还可以拿没有冻过的汽水晃一晃，让其中的二氧化碳汽化，也能让汽水温度变低，只不过变化不是很明显。

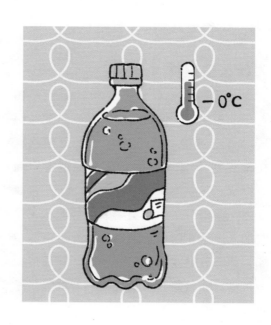

-0°C

29.山药的变色魔法（难度：★★★☆☆）

为什么山药变色了？

你需要
- 山药
- 碘酒（常用的外用药）
- 滴管

这样做
- 观察碘酒的颜色：蘸一点碘酒在棉签上，可以看到碘酒是黄色的溶液。
- 切一小片山药，去皮，用吸管吸少许碘酒。
- 将碘酒滴在山药上（量不要太大）。

会发生什么

能明显看到山药表面先是显现出碘酒的黄色，然后慢慢变成蓝黑色。

为什么会这样

山药的主要成分是淀粉，淀粉是白色无定形粉末，由直链淀粉和支链淀粉组成。直链淀粉能溶于热水而不呈糊状，支链淀粉不溶于水，在热水中则膨胀而成糊状。其中溶于水中的直链淀粉呈弯曲形式，并借分子内氢键卷曲成螺旋状，这时加入碘酒，碘分子便钻入螺旋当中的空隙，并与直链淀粉连接在一起，从而形成络合物。这种络合物能比较均匀地吸收除蓝光以外的其他可见光，从而使淀粉变为深蓝色。

淀粉通常大量存在于植物的种子和块茎中，如大米、小麦、土豆、红薯、芋头、山药等，而碘是碘酒的主要成分。所以，当碘酒滴到山药的表面后，山药会变色。家里如果有红薯、土豆、芋头，也可以试试哟！

30.神奇的紫甘蓝（难度：★★★★☆）

我们在不用化学试剂的情况下，如何测试食物的酸碱性？

你需要
- 紫甘蓝
- 几个滴管
- 1台榨汁机
- 柠檬汁、小苏打、橙汁等
- 几个盘子

这样做
- 把紫甘蓝榨成汁。
- 把紫甘蓝汁分别倒入几个盘子里。
- 用滴管把待检测的物质分别滴在装有紫甘蓝汁的盘子里。

会发生什么

有的盘子里的液体变成了粉红色，有的盘子里的液体变成了蓝色，还有的没有变化。

为什么会这样

与紫甘蓝汁混合后，颜色变成粉红色的物质呈酸性，变成蓝色说明检测物质呈碱性，产生这些变化是因为紫甘蓝中含有一种名为花青素的化学物质。

花青素为一种水溶性的植物色素。从广义上看，属于黄酮类化合物。花青素的色素分子具有随着液体环境酸碱性而改变颜色的特性，酸性环境下呈现粉红色，碱性环境下呈现蓝色，中性环境下颜色不变。

31.种菌达人（难度：★★☆☆）

怎样获得不同的真菌？

你需要
- 有盖的干净玻璃罐
- 水
- 各种食物（面包、苹果、菜叶等，不能用肉类）
- 刀
- 案板

这样做
- 将所有食物切成硬币大小。
- 将食物放入水中。
- 将食物打湿后捞出，放入玻璃罐中密封。

会发生什么

前几天食物没有太大的变化。几天之后，就能看到各种颜色的真菌，如黄色、绿色、白色等。

为什么会这样

因为空气中飘浮着各种真菌孢子，其繁殖与扩散能力较强，是许多传染病的根源所在，当它们遇到合适的环境就会生长。食物打湿之后，当温度适合时，附着在食物上的真菌孢子就会从潮湿的食物上长出来，成为真菌。不同的食物适合不同的真菌生长，真菌的颜色也不尽相同，所以就形成了五颜六色的真菌群。

32.葱写密信（难度：★★★★☆）

白纸在火上烤一下，为什么会有字出现?

请在家长协助下操作

你需要
· 大葱
· 白纸
· 盘子
· 毛笔
· 酒精灯
· 火柴
· 1台榨汁机

这样做

· 把大葱榨出汁液，滴入盘子中。

· 用毛笔蘸葱汁，在白纸上写几个字。

· 等字迹干透后，点燃酒精灯。

· 将这张白纸拿到酒精灯上烤一下。

会发生什么

烘烤之后，写的字就会清晰地显现出来。

为什么会这样

葱汁里的葱油不溶于水，少量书写在纸面上难以发现，但它能生成一种类似透明薄膜的物质。用火烘烤后，葱油物质比纸容易烤焦，烤一下就变成棕色，从而显示出字迹。其实不只是葱汁，其他植物的汁液也因为存在不同的生物酶、淀粉或胶质，而具有同样的功能。

33.开水养鱼（难度：★★★★☆）

小鱼为什么能在上半部分热气腾腾的水里存活？

请在家长协助下操作

你需要
· 长试管
· 酒精灯
· 水
· 2条小鱼
· 火柴
· 支架

这样做

· 在长试管里倒入大半杯水。

· 往水里放2条小鱼。

· 把试管倾斜固定好，让水刚好不会流出试管口。

· 用酒精灯给试管口加热，直到试管上部热气腾腾。

会发生什么

虽然试管上部的水已经烧开，但是小鱼却在底部自由自在地游动。

为什么会这样

水的导热性差，上部的水把热量传到底部是一个缓慢的过程。所以，虽然试管上半部分的水烧开了，但底部的水依然是凉的。

我们平时用壶烧水，是在壶的底部加热。壶底的水受热以后上升，壶上面的冷水不断下降，壶内的水通过热对流，不停地循环，最后使整壶水受热均匀。这也就是为什么我们烧水做饭时，火都在下方的原因。实验中酒精灯是在试管的上部加热，上部的水受热以后并不会下降，下部的冷水也不会上升，无法实现热对流。所以只是上部的水在沸腾，下部的水并没有被加热。

34.尝不出味道的舌头（难度：★☆☆☆☆）

为什么把鼻子塞住后，就尝不出食物真正的味道了？

你需要
- 1个眼罩
- 1对鼻塞
- 橙子
- 土豆
- 辣椒

这样做

- 用眼罩把眼睛蒙起来，同时，用鼻塞堵住鼻子，或者用手捏住鼻子。
- 请家人把每种食物分别放进你的嘴里，然后凭味觉猜一猜是什么。

会发生什么

你会发现，鼻子被堵住以后，品尝任何食物都味同嚼蜡，很难尝出它的味道了。

为什么会这样

人类的味觉和嗅觉是紧密联系在一起的，尽管人们依靠味觉来品尝食物，但其实嗅觉也承担了感知食物香味的重要功能。

我们的嗅觉细胞主要分布在鼻腔顶部的鼻黏膜上。当鼻子被堵住时，鼻黏膜被全部覆盖，一部分味道就刺激不到我们的嗅觉细胞，虽然我们的舌头上仍然有几千个微小的味蕾来品尝食物的酸甜苦辣咸，但因为没有嗅觉参与，我们对味道的感知会大打折扣，也就是人们说的味同嚼蜡了。

35.沉浮的橘子（难度：★☆☆☆☆）

剥了皮的橘子更轻，为什么反而会沉入水底呢？

你需要
· 1个橘子
· 1杯水

这样做

· 将未剥皮的橘子放进水里。
· 再将橘子剥皮，同样放入水中。

会发生什么

没剥皮的橘子浮在水面上，剥皮后的橘子沉入了水底。

为什么会这样

橘子在水中漂浮还是下沉，并不取决于它的重量，而是密度。橘子皮的密度小于水，除橘子皮之外的部分密度大于水。橘子皮所受浮力加上橘子果肉所受的浮力大于整个橘子的重力，因此未剥皮的橘子会漂浮在水面上。而单独的橘子果肉所受浮力小于其重力，因此会沉入水底。

试试看，如果每次剥掉约1/10的橘子皮，观察橘子的沉浮。如果橘子仍然漂浮，再观察一下每次橘子沉入水中部分的体积是否相同，你能看出什么规律吗？

36.无形的手（难度：★★★☆☆）

是谁把易拉罐捏扁了？

请在家长协助下操作

你需要

· 1个空易拉罐
· 铁丝
· 冷水
· 1个酒精灯
· 火柴
· 盆子
· 1副手套

这样做

· 在盆子里加入半盆冷水。
· 用铁丝绕在易拉罐上做个把手。
· 在易拉罐中加入少量的水。
· 用酒精灯加热易拉罐中的水直至沸腾。
· 迅速将易拉罐口朝下，扣在冷水中。

会发生什么

易拉罐会慢慢地收缩，慢慢地被压扁，像被手捏过一样。

为什么会这样

易拉罐在加热过程中，产生大量水蒸气，遇到冷水，水蒸气凝结成水滴，热空气迅速冷却收缩，由于罐口被水密封，外部空气无法进入，易拉罐内部压强变得很小，此时，外界大气压强大于易拉罐内部压强，产生内外压力差，造成易拉罐被空气挤压而变形。

37.巧妙分离胡椒粉（难度：★☆☆☆☆）

你能把盐和胡椒粉分开吗？

你需要
· 胡椒粉
· 盐
· 1个盘子
· 1把塑料勺
· 1件羊毛衫

这样做

· 先把盐和胡椒粉都倒入盘子里，混合好。

· 把塑料勺放在羊毛衫上摩擦几遍，然后小心地将塑料勺靠近胡椒粉和盐。

· 观察胡椒粉和盐，并注意它们的变化。

会发生什么

胡椒粉被吸到勺子上了！

为什么会这样

通过摩擦，勺子上带了电荷，因此它会把盐和胡椒粉吸起来，但是盐比胡椒粉重，所以胡椒粉首先被吸到勺子上。

强大的磁铁在日常生活中被广泛应用，比如分拣垃圾，人们也可以利用这个方法来分离垃圾中含铁的物品：用一块强有力的大磁铁把垃圾中一些含铁的物品吸出来，这样就不用手工来分拣了。

38.肥皂小赛艇（难度：★★★☆☆）

小赛艇是如何前进的呢？

请在家长协助下操作

你需要

· 1根火柴
· 洗脸盆
· 1小块肥皂
· 水
· 1把小刀

这样做

· 用小刀把火柴的一端从中间劈开，劈开的长度约占总长度的四分之一。

· 在劈缝里夹上一小块肥皂，制成"小赛艇"。

· 在洗脸盆内放水。

· 将小赛艇放入水盆中。

会发生什么

小赛艇会自动在水中快速行驶。

为什么会这样

夹在火柴上的肥皂遇水会逐渐溶解，不断破坏着火柴后方水面的表面张力，而火柴前方水面的表面张力并没有被破坏，所以火柴后方的水分子被火柴前方的水分子拉向前去，"赛艇"就前进了。注意，当盆中水的表面张力都被肥皂水破坏后，"赛艇"就不会再前进了，需要及时换水。

39.会 "打结" 的水（难度：★★★☆☆）

为什么水滴是球形的?

你需要
· 1个空易拉罐
· 1把锥子（或1颗钉子）

这样做

· 在距离空易拉罐底部1厘米处，用锥子或钉子扎1个孔。

· 在距离第1个孔2.5厘米的地方扎第2个孔。

· 在第1个孔和第2个孔正中间的位置扎第3个孔。

· 然后在每两个孔正中间的位置扎出第4个和第5个孔。

· 打开水龙头让水进入易拉罐中，水分别从5个孔中流出来。

· 接下来，请用手指依次滑过这5个孔。

会发生什么

　　5股不同的水流好像粘到一起了，就像被打个结系到了一起!

为什么会这样

　　在水的表面，水分子会像磁铁一样相互吸引，它们靠到一起就很难分开，就像水的 "皮肤" 一样，这就是我们所说的表面张力。由于表面张力总是要使物质（水）的表面积最小、体积最大，球形就具备了这一特点，这也就是小水滴总是呈球形的原因。

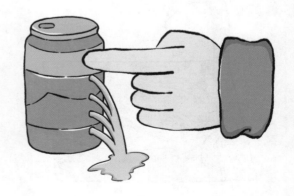

40.吹不走的乒乓球（难度：★★☆☆☆）

为什么乒乓球可以在吹风机上方悬浮不掉落？

你需要
- 1个吹风机
- 1只乒乓球

这样做

- 打开吹风机的电源开关，手持吹风机，竖直向上吹。
- 将吹风机调到最高档位，手持乒乓球放在吹风机暖风口上方，然后小心翼翼地松开手。
- 将吹风机慢慢地往两侧移动，先朝左移动，然后移至中间，再朝右移动。

会发生什么

乒乓球在吹风机上方悬浮着，即使吹风机左右移动导致气流倾斜，它也不会掉落。

为什么会这样

乒乓球可以在电吹风的气流上方悬浮着不掉落，这个现象可以用伯努利效应来解释：气流会产生低压，空气流动得越快，气流内部的压力就越小，低压的作用就像旋涡一样，这股旋涡将乒乓球吸在气流的中心，每当乒乓球快要从侧面掉落时，这股旋涡又会将它吸回气流的中心。

生活中，伯努利效应也时常发生，比如雨伞在暴风雨中容易翻折也是这一原理。风会在雨伞的表面产生低压，而雨伞下面又是常压，由于上下方的压力存在差异，因而出现了旋涡，将雨伞往上方牵引并使伞翻折上去。

41.冰冻肥皂泡（难度：★★★☆☆）

肥皂泡可以被冰冻住吗？

你需要
· 肥皂粉
· 1个水杯
· 水
· 1根吸管
· 寒冷的天气

这样做

· 准备半杯水。

· 放少许肥皂粉在水杯里，搅拌均匀。

· 用吸管蘸取肥皂水，在气温0℃以下的户外吹泡泡。

会发生什么

泡泡快速冻结，表面还会产生晶体。如果天气没有冷到让泡泡可以快速冻结，也可以丢点雪花在上面，它会立刻吸附到泡泡上，帮助泡泡结冰。

为什么会这样

肥皂泡大部分是由水构成的。在破裂之前，泡泡接触到极低的气温或雪花，就会立即启动结晶的程序。冰冻并不是在一瞬间完成的，泡泡表面先是会生出许多的冰花，这些冰花逐渐连接在一起，就变成了一颗冰冻的泡泡。

42.漂浮的针（难度：★★★☆☆）

针为什么会浮在水面上？

你需要
· 1个碗
· 水
· 1根针
· 1把叉子
· 洗洁精

这样做
· 在碗里倒入清水。
· 用叉子小心地把针平放到水面上。
· 慢慢地移出叉子。
· 向水里滴入1滴洗洁精。

会发生什么

叉子移出的时候，针会浮在水面上，当滴入洗洁精的时候，针就会沉入水底。

为什么会这样

水的表面张力支撑着针，使它不会下沉。这种张力是水分子相互作用、挤压形成的一种类似橡皮膜一样的东西。而洗洁精降低了水的表面张力，水分子间的相互牵引力托不住针了，针就会下沉。

其实生活中有很多这样的现象，例如，洗完手之后关掉水龙头，还有点水留在龙头口，要落不落的样子，就是水的表面张力在和地球引力做斗争；下过雨后，树叶、草上的小水珠都接近于球形，这也是因为水的表面张力让水珠表层的水分子相互吸引、自动收缩，所以小水珠会像球一样团在一起，而不是像泼在地面上的水一样摊成一片。

43.嘴里的泡泡（难度：★★☆☆）

怎样让你的嘴里不断地吐出泡泡？

你需要

- 小苏打牙膏
- 碳酸饮料
- 1支牙刷
- 水槽

这样做

- 用牙膏刷牙。
- 刷几下，不要把牙膏吐出来。
- 喝一口碳酸饮料，不要吞下去。
- 张开嘴。

会发生什么

喝过碳酸饮料，你会感觉口里有"嗞嗞"的声音，张开嘴，你的嘴里会跑出大量的气泡。

为什么会这样

碳酸氢钠俗称小苏打，由其制成的小苏打牙膏与碳酸饮料中的碳酸发生化学反应，产生二氧化碳，生成大量的气泡，不断地从嘴巴里冒出来。

44.悬空硬币桥（难度：★★★☆☆）

看上去悬空的硬币桥是怎样做到的？

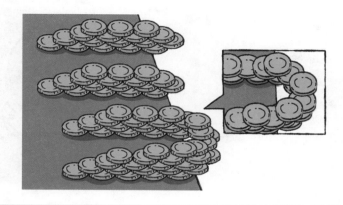

你需要
· 66枚硬币
· 平稳的桌面边缘

这样做

· 在每2个硬币上面放1个硬币，像金字塔一样摆放4层。

· 按照相同方式摆放两列。

· 将外沿的硬币稍稍移动为弧形，使外沿的硬币靠近。

· 用手稍微托住悬空的硬币，继续摆放到第6层。

· 使两排硬币在外面连成半椭圆形。

· 可以不断在上面加硬币，稳固整体结构。

会发生什么

从侧面看，差不多有十几枚硬币悬在空中，不会掉落下来。

为什么会这样

本次实验运用了一个基本力学原理：力矩。力矩在物理学中指作用力使物体绕着支点转动的趋向。硬币受到向下的重力以及下一层硬币的托举力，而且下一层硬币最右侧边缘成为该硬币的支点。当未悬空部分的硬币力矩小于悬空部分的力矩时，硬币就会掉下来。在该枚硬币上面继续叠放一枚硬币后，增大了未悬空部分的力矩，使得这枚硬币不会掉落。以此类推，如果将整个U形结构看成一个整体，悬空部位硬币的力矩小于未悬空部位的力矩，所以整个U形结构能有一部分悬空而不掉落。

如果家里没有这么多的硬币，也可以用雪花积木代替哟！

45.奔跑的硬币（难度：★★★☆☆）

为什么硬币能在气球里面奔跑？

你需要
- 1个透明的气球
- 1个打气筒
- 1枚硬币

这样做

- 将1枚硬币放入气球中。
- 用打气筒给气球充气，然后打结。
- 往同一个方向迅速转动气球。

会发生什么

可以看到硬币沿着气球内壁快速旋转。

为什么会这样

在本实验中，我们不断朝一个方向转动气球，会产生向心力。它会吸引物体围绕着一个中心做圆周运动。停止转动气球后，硬币受向心力和惯性的影响，会继续做圆周运动。

于是我们就可以看到硬币在气球内壁不断旋转的实验效果啦！在特技表演中，摩托车可以在铁笼内壁旋转，不会掉落，也是同样的道理。

46.打不散的硬币（难度：★★★★☆）

为什么硬币在直尺的击打下，不会四散掉落呢？

你需要
· 10枚硬币
· 1把直尺

这样做

· 将10枚硬币整齐叠放在一起。
· 将直尺贴着桌面，快速击打最下方的硬币。

会发生什么

用直尺快速地击打最下方的硬币，最下方硬币随即飞出，其他硬币"安然无恙"，没有被打散。

为什么会这样

任何物体都有保持当前运动状态的倾向，即惯性。上方的硬币之所以没有被打散，正是惯性的功劳。原本处于静止状态的硬币堆，用直尺击打最下方硬币，被击打的硬币改变静止状态飞出去，而其他硬币没有受到力的作用，由于惯性保持原来的静止状态。10枚硬币太少，如果叠上50枚，甚至100枚硬币，还会打不散吗？小朋友们快来试试吧！

47.跷跷板（难度：★★★☆☆）

如何让跷跷板保持平衡？

你需要
- 1支铅笔
- 1把学生用20厘米长的直尺
- 10枚硬币
- 书桌

这样做

- 把铅笔放在桌面上。
- 把直尺放在铅笔上，与铅笔垂直摆放。
- 在直尺的两端各放5枚硬币。
- 移动直尺，使直尺平衡。
- 拿走所有硬币。
- 在直尺刻度的5厘米处放6枚硬币。
- 在另外一端找个位置，放3枚硬币。

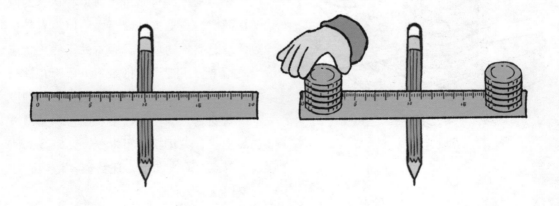

会发生什么

当两端都放5枚硬币的时候，支点在直尺刻度10厘米处。第二次的实验，当6枚硬币放在直尺刻度5厘米处时，另一端的3枚硬币应该放在直尺刻度20厘米处。

为什么会这样

放在铅笔上的直尺成了一个杠杆，铅笔成了平衡点。根据杠杆原理，力矩等于物体重量乘以力臂，要使直尺保持平衡，物体越轻，应该离平衡点越远。

48.清洗硬币（难度：★★★★☆）

怎样清洗硬币？

你需要
- 醋
- 1个玻璃杯
- 6枚脏的5角硬币
- 食盐
- 1把汤勺
- 纸巾

这样做

- 往玻璃杯中倒入半杯醋。

- 再加2勺食盐，用汤勺搅拌溶解。

- 把6枚脏硬币投入溶液中。

- 10分钟后取出3枚硬币，直接放到纸巾上晾干。

- 再取出另外3枚硬币，用水冲洗干净，然后放到纸巾上晾干。

会发生什么

一段时间之后，没有冲洗的硬币变成了蓝绿色，冲洗过的硬币像新的一样。

为什么会这样

5角硬币是铜锌合金，长期放置在空气中，表面的铜会氧化变黑，这层变黑的物质叫作氧化铜。醋里的酸性物质和氧化铜发生化学反应，分解了这层氧化铜，因此用水冲洗后，表面的溶液被冲洗干净，硬币又恢复了原来的光泽，而没有被冲洗的硬币，其表面的铜离子与空气里的氧气发生了新的化学反应，使硬币变成了蓝绿色。

在国外，人们盖房子时经常使用铜制排水槽。这些排水槽刚刚装上时闪闪发亮，但遇到潮湿环境后，保持不了多久就会和空气中的氧气发生化学反应，产生铜锈。铜锈也就是我们常说的铜绿，通常呈黑绿色，这其实就是铜表面形成的氧化铜的颜色。用酸性物质清洗后，铜就会恢复之前的颜色。

49.掉不了的纸杯盖（难度：★★★★☆）

放满水的杯子倒过来，水为什么不会流出？

你需要
· 1个玻璃杯
· 1张硬卡纸
· 水
· 1把剪刀

这样做

· 把纸张剪成1个正方形。
· 将正方形纸片从装满水的玻璃杯的一边慢慢滑过去，让整张纸和玻璃杯完全贴合。
· 把杯子倒过来。

会发生什么

纸张不会掉，杯子里的水也不会流出来。

为什么会这样

当纸覆上玻璃杯，并把它快速翻转过来后，纸片一方面受到水的重力和压力作用，有向下落的趋势；一方面又受到其下方空气对纸片形成的向上压强的影响，有被托起的趋势。而大气压强远大于水对纸片形成的向下的重力和压力，所以纸片不会掉下来。

50.掉不下来的报纸（难度：★★☆☆☆）

不用胶水、胶布粘贴，报纸也能贴在墙上掉不下来，为什么？

你需要
· 1张报纸
· 1支铅笔

这样做

· 把报纸平铺在墙上。
· 用铅笔迅速地在报纸上摩擦几下。
· 掀起报纸的一角。

会发生什么

放开手，报纸会贴在墙上，掀起报纸的一角，松手后报纸依旧会贴在墙上。

为什么会这样

用铅笔摩擦报纸，使报纸带上电荷。带有电荷的物体有吸引轻小物体的现象。而报纸本身很轻，所以经过摩擦的报纸就会贴在墙上。

用摩擦的方法使两个不同的物体带电的现象，叫摩擦起电(或两种不同的物体相互摩擦后，一种物体带正电荷，另一种物体带负电荷的现象)。摩擦过的物体具有吸引轻小物体的性质。

51.让纸杯跳起来（难度：★★★☆☆）

纸杯为什么会跳起来?

你需要
· 2个大小相同的纸杯

这样做
· 将2个纸杯套在一起。
· 把纸杯拿在手上。
· 用力向2个纸杯的连接处吹气。

会发生什么
里面的纸杯会迅速地跳起来。

为什么会这样
当我们向两个纸杯的连接处吹气时，纸杯上面的空气流动速度加快，气压减小，而纸杯下面的空气流动速度没有改变，气压也没有变。纸杯下面的气压较大，就把纸杯推上去了。因此纸杯在底部气流的挤压下，就跳了起来。

这一现象是荷兰物理学家伯努利在1726年首先提出来的，其原理是在水流或者气流里，如果速度小，压力就大，如果速度大，压力就小。

52.纸响炮（难度：★★★☆☆）

折叠的纸，用力一甩，为什么会发出鞭炮一样的响声？

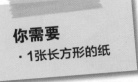

你需要
· 1张长方形的纸

这样做

· 将长方形纸向下对折。
· 再将纸横着向右折。
· 捏住外面的两个单角，将里面两个单角往下拉。
· 让折纸形成两个鼻孔状纸孔。
· 用力一甩。

会发生什么

当你用力甩的时候，会发出"砰"的一声响，就像鞭炮爆炸一样。

为什么会这样

纸响炮是一件动态折纸作品，由于将其甩动时发出的爆鸣声响犹如大炮一般而得名。纸响炮有很多种不同的版本，但都包含一个内折的部分，当抓紧纸响炮用力往下甩时，在速度与力量的推动下，中间松动的纸会被瞬间向前推动，发出炸裂的声响。内折的纸会弹开，造成空气突然震动，就发出了强有力的爆鸣声响。

53.切不破的纸（难度：★★★☆☆）

为什么单薄的纸不会被切破？

请在家长协助下操作

你需要
- 1把菜刀
- 1张白纸
- 1根胡萝卜

这样做

- 以下步骤需在家长帮助下完成。
- 把白纸对折，包住刀刃。
- 用被纸包着的刀将胡萝卜切开。

会发生什么

你会看到，厚厚的胡萝卜被切开了，而看起来很单薄的纸却没有破。

为什么会这样

被薄纸包裹的刀刃之所以没有把纸切破，是因为胡萝卜对刀刃的阻力小于纸张纤维对刀刃的阻力，施加在刀上的力足以切开胡萝卜，却不能切破纸。如果用纸包紧胡萝卜而不是刀，刀刃就会切破纸，这是因为当纸不随着刀移动时，施加在刀上的力量就足以把纸切破。

54.杯底的秘密（难度：★★☆☆☆）

原本隐藏的文字为什么会显现出来呢？

你需要
· 1支笔
· 水
· 1个纸杯

这样做

· 用笔在纸杯底部写上"秘密"两个字，或是其他任意文字都可以。

· 将杯子放在桌上，斜看时，看不到任何文字。

· 然后往杯里加水。

会发生什么

原本看不到的杯底文字慢慢显现。

为什么会这样

杯底文字所反射的光进入我们眼中才能使我们看见文字。纸杯里没有水时，它们反射的光被杯壁挡住了；将杯子倒满水后，反射光射出水面时发生折射，恰好可以从杯口上方射出，不会被杯壁挡住，于是我们就看见了杯底隐藏的文字。

55.会跳舞的纸条（难度：★★★☆☆）

纸条为什么会在蜡烛上方跳起舞来？

你需要

· 1根蜡烛
· 火柴
· 1张长10~20厘米的纸条
· 1根长20厘米的细线
· 1支铅笔

这样做

· 用细线一端系住纸条的一端。
· 将细线的另外一端系在铅笔上。
· 点燃蜡烛。
· 将纸条放在蜡烛上方，注意不要烧着纸条。

会发生什么

纸条会在蜡烛上方跳起舞来。

为什么会这样

蜡烛燃烧，将火焰上方的空气加热，加热后的空气分子密度变小，会向上朝冷空气的方向运动，热空气就推动纸条"狂舞"起来。如果将纸条换成纸质风车，热空气也同样可以带动风车旋转。

56.神奇的纸 （难度：★★★☆☆）

为什么一张A4纸能承受这么重的东西?

你需要
· 几张A4纸
· 几本书
· 透明胶带

这样做

· 把纸折成4种不同的形状：锥体、正方体、长方体、圆柱体。

· 把书放在不同形状的纸上，看看哪一种形状的纸能承受最大的重量。

会发生什么

圆柱体能承受的重量最大。

为什么会这样

同样材料做成的各种形状的物体，空心管最为坚固，因为它所承受的物体的重量平均地分散在了圆柱体的每个点上。古今中外很多建筑的承重柱子也都采用圆柱体，就是因为这个道理。

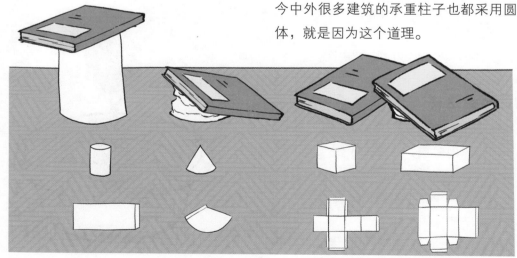

57.水里盛开一朵花（难度：★★★☆☆）

放在水里的花苞是怎样盛开的呢?

你需要
- 1张彩纸
- 1根油画棒
- 1把剪刀
- 1盆水

这样做

- 用油画棒在彩纸上画圆。
- 在圆形里画两条互相垂直的直线。
- 再分别画出它们的角平分线。
- 在这个八等分的圆形外画上花瓣。
- 用剪刀将画好的形状裁剪下来。
- 再把花瓣往中间折起，变成一朵合在一起的八角形花苞。
- 将折好的花苞放在水盆中。

会发生什么

仔细观察，会看到花苞在水中慢慢盛开。

为什么会这样

纸张的成分是植物纤维，所以将纸张放到水里面之后，水就会不断地渗透到纸张中，纤维在吸收了水分之后就会开始膨胀，因此整个花苞折叠的位置就会被拉开，看起来就像是盛开了一般。

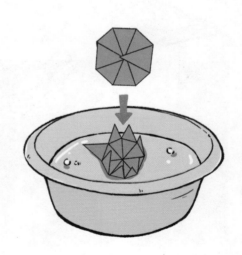

58.梦幻蝴蝶（难度：★★★☆☆）

在纸上画半只蝴蝶，怎样让它变成一只完整的蝴蝶?

你需要
- 1张白纸
- 1支彩笔
- 1把剪刀
- 1面镜子

这样做

- 在白纸上画半只蝴蝶。
- 把半只蝴蝶剪下来。
- 把蝴蝶的直边贴在镜子上。

会发生什么

你能看到一只展翅的蝴蝶。

为什么会这样

当光线照射物体时，一些光线会反射回来，形成反射影。反射影即我们常说的虚像，事物实像和虚像是以镜面为对称轴的，即实物离镜子越远，看到的虚像也相应越远。所以，靠近镜子的半只蝴蝶，以镜子为对称轴，虚像和实物合起来就像一只完整的蝴蝶。

59.一张纸的力量（难度：★★★☆☆）

一张纸能够承受多大的重量？

你需要

· 1把剪刀
· 至少3张彩纸
· 3根胡萝卜切块
· 双面胶带
· 2个一次性纸杯

这样做

· 将彩纸剪成宽8厘米左右的若干段，将其中两段粘在一起。

· 将彩纸折成中空的扁平状。

· 将彩纸折成波浪形。

· 将纸杯倒扣在桌面上，2个纸杯相距10厘米左右。

· 将4种不同形状的纸条依次放在纸杯上。

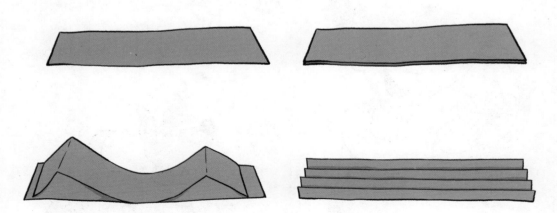

会发生什么

普通的一张纸条，只放一个胡萝卜块，就会很明显地塌陷下来；两张粘在一起的纸条，放上去的胡萝卜块数量多了几块，但也会很快塌陷；中空扁平的纸条上可以放好几层胡萝卜块；而折成波浪状的纸条，可以放更多层的胡萝卜块而不变形。

为什么会这样

普通纸条的重心在纸张的中心，即两个角平分线的交点，放上一个胡萝卜块后，其重心很容易改变，重力无法传到纸杯上，因此迅速塌陷；两张粘在一起的彩纸和折成中空的彩纸，重心和传力路径发生了变化，能承受多一些的胡萝卜块；而波浪形的纸条则能承受最多的重量。物体能承受的重量不仅与物体的材质、重量有关，还和形状有关。波浪形能承受比较多的重量，是因为它由很多三角形组成，而三角形是最能承受重量的结构。

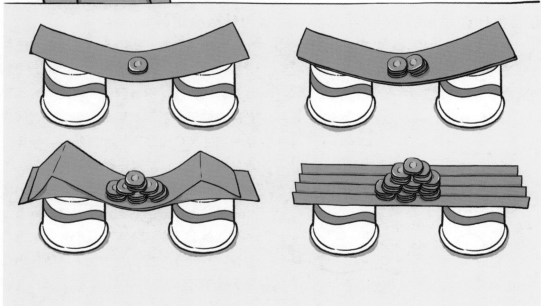

60.神奇的牙签（难度：★★★☆☆）

放在水里的牙签，会随着放在水里的方糖游动，还是会随着放在水里的肥皂游动？

你需要
· 牙签
· 2盆水
· 1块肥皂
· 几块方糖

这样做

· 把牙签分别小心地放在2盆水的水面上。

· 在离牙签较远的地方把方糖放入水盆中。

· 在离牙签较近的地方把肥皂放入水盆中。

会发生什么

放置方糖的水盆中，牙签会朝方糖的方向漂去；而放置肥皂的水盆中，牙签会朝远离肥皂的方向漂去。

为什么会这样

方糖会吸收一些水分，造成小水流往方糖方向流动，而牙签很轻，所以会跟着水流移向方糖。而当我们放入肥皂时，部分肥皂溶于水后，水面会漂起油花，因为肥皂的主要成分是不饱和脂肪酸，破坏了水的表面张力，所以牙签就会漂远。

其实生活中有很多这样的例子，比如，洗碗时漂起的油花，这时原本水面上的东西就会远离；还有早晨刷牙时刷出的泡沫，你吐在水面上，水面上其他的小物体也会漂远。

61.牙签五角星（难度：★★★☆☆）

为什么牙签浸水后会变成五角星呢？

你需要
- 5根牙签
- 水
- 1个滴管
- 1个水杯

这样做

- 将牙签从中间位置弯折，但不要完全折断，让牙签底部表皮处仍然处于连接状态，并摆成图示形状。
- 用滴管从杯中吸水。
- 把水滴在牙签中间。
- 观察牙签接下来发生的现象。

会发生什么

原本互不相连的牙签两端变得彼此相连，并形成五角星图案。

为什么会这样

由于实验中采用的牙签含有大量的纤维，每根纤维就好比一个微小的"管子"。一旦沾水后，牙签断裂处的"管子"便开始吸收水分并膨胀起来，吸水后的牙签具有重新伸直的倾向，再配合水的表面张力，导致靠近中心的水的那部分牙签会相互远离，牙签就会慢慢变成五角星。

62.魔法牙签（难度：★★★☆☆）

为什么牙签会翘起来?

你需要

· 1盒牙签，不少于40根

这样做

· 将3根牙签搭起来，如图示。

· 在第3根牙签上方再搭1根牙签。

· 如此反复，搭到4层。

· 轻轻按压最后1根牙签。

· 继续搭到第7层。

· 轻轻按压最后1根牙签。

· 继续搭到第16层。

· 轻轻按压最后1根牙签。

· 继续搭到第18层。

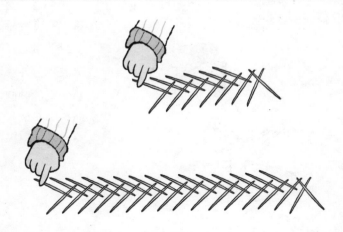

会发生什么

　　在搭到第4层和第7层时，按压最后1根牙签，第2根牙签会调皮地翘起来。当增加到第16层时，再按压最后1根牙签，第2根牙签会翘得非常吃力，最后增加到第18层时，第2根牙签不再翘起来了……

为什么会这样

　　力量是可以通过媒介进行传递的，通过不同的交叉点，可以制作跟"跷跷板"一样的杠杆，撬动更重的物体。所以当我们按压最后1根牙签的时候，第2根牙签会跟着翘起来。

　　搭到后面我们会发现，牙签抬起的高度越来越不明显，这是因为力的传递会产生损耗，所以搭到第18层的时候，再按压最后1根牙签，第2根牙签不再翘起。

63.隔杯转动牙签（难度：★★★☆☆）

在不产生接触的情况下，气球能使牙签转动吗？

你需要

· 1个气球
· 1根牙签
· 1个透明的一次性
　塑料杯
· 2枚硬币

这样做

· 把1枚硬币平放在桌上，然后把另1枚硬币垂直放在它上面。
· 把1根牙签平行放置在垂直的硬币上，这个动作有点难度，需要多试几次。
· 用一次性杯子盖住硬币和牙签。
· 将1个气球吹大后，扎紧，并在衣服上摩擦几下。
· 把气球靠近杯子，绕着杯子转动。

会发生什么

随着气球的转动，牙签也转动了。

为什么会这样

这个实验利用的其实是摩擦起电原理。当把气球贴在衣服上摩擦的时候，就给气球增加了额外的负电荷。此时，杯子里面的牙签带着中性电荷，并在物理运动状态下（即横放在硬币上）处于微妙的平衡。当一个物体带着负电荷时，就会排斥其他物体的电子并吸引质子，而带有中性电荷的物体（像这里的牙签）足够轻的话，带负电荷的物体就会吸引它。但如果把牙签放到桌子上，因为摩擦力太大，电荷间的作用力就无法使它移动了，所以实验时我们要把牙签放在2枚硬币上。

摩擦

64.不会倒的瓶子（难度：★★★☆☆）

在光滑的桌面上，突然用力拉瓶子下的卡纸，瓶子会倒吗？

你需要

· 1张A4卡纸
· 1支铅笔
· 1根50厘米长的细绳
· 1瓶500毫升没开封
  的矿泉水
· 1张桌子

这样做

· 用铅笔在离卡纸边缘2厘米的地方扎一个小洞。
· 将细绳穿过小洞，把细绳两端系在一起打结。
· 把卡纸放在桌面上，将瓶子放在卡纸上。
· 轻轻拉动卡纸。
· 快速拉动卡纸。

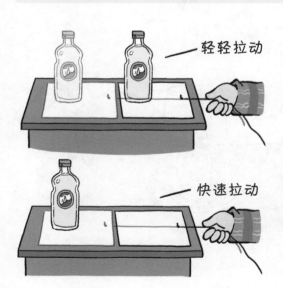

轻轻拉动

快速拉动

会发生什么

　　轻轻拉动卡纸的时候，瓶子会跟着一起移动；快速拉动卡纸的时候，瓶子会保持在原来的位置不动。

为什么会这样

　　这是关于惯性和摩擦力的实验。当轻轻拉动纸片的时候，摩擦力较大，瓶子就会随着纸片一起移动；当快速拉动纸片时，惯性克服了摩擦力，瓶子就会在原地保持不动。

65.不漏水的漏瓶子（难度：★★★☆☆）

在矿泉水瓶上扎几个孔，为什么水不会流出去？

你需要
· 1个带盖的矿泉水瓶
· 水
· 1把锥子

这样做
· 把矿泉水瓶装满水，并盖上盖子。
· 在矿泉水瓶瓶身靠近底部的位置扎几个孔。
· 打开瓶盖。
· 盖上瓶盖。

会发生什么
　　打开瓶盖，水会顺着小孔流出来。盖上瓶盖，水又不流了。

为什么会这样
　　打开瓶盖，瓶中的水在重力的作用下，会往低处流。盖上瓶盖，瓶子又是密封的了，瓶子外部的大气压力大于瓶内的气压，水就不流了。

66.自动变形的瓶子（难度：★★★☆☆）

为什么瓶子会慢慢收缩，最后变形？

你需要
· 1个有盖子的矿泉水瓶
· 碎冰

这样做

· 把碎冰装入矿泉水瓶，直到装满大半个瓶子。

· 拧紧瓶盖。

· 把瓶子平放在桌子上。

会发生什么

瓶子会慢慢收缩，最后变形。

为什么会这样

瓶子里的空气被冰块冷却后，体积变小了，又因为瓶子是密封的，较低的温度使得矿泉水瓶内空气的分子运动变慢，瓶内的大气压减小了，而矿泉水瓶是柔软的塑料，瓶外的气压对瓶壁产生了压力，最终使瓶子变形。

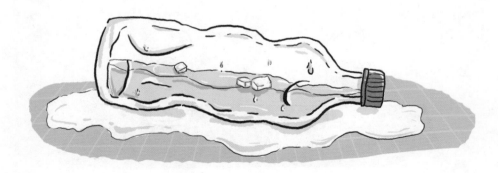

67.瓶子生气了（难度：★★★☆☆）

放在太阳底下的矿泉水瓶为什么会变得膨胀坚硬？

你需要
- 1个空的带盖子的矿泉水瓶
- 冰箱
- 水
- 夏季晴天的高温室外

这样做
- 把矿泉水瓶盖子打开，放进冰箱冷冻半个小时。
- 取出矿泉水瓶，加入小半瓶常温水。
- 拧紧瓶盖。
- 放在高温的太阳底下暴晒。

会发生什么
过了一会，你会发现瓶子越来越膨胀。本来有弹性的瓶壁，变得坚硬，像生了气，随时会爆炸一样。

为什么会这样
冷瓶子里的空气会收缩，密度变大。在高温情况下，空气分子会活跃起来，密度变小，膨胀。水分子在高温情况下，也会蒸发，密度变小。这些活跃起来的水和空气分子都需要更大的空间，所以瓶子会被撑大。

68.隔瓶也能灭火（难度：★★★☆☆）

难道罐头瓶不能挡住吹来的气吗？

你需要
- 1个罐头瓶
- 1根蜡烛
- 火柴

这样做

- 把蜡烛点着。
- 在蜡烛前面放一个罐头瓶，正好可以挡住蜡烛。
- 在蜡烛的对侧，对着罐头瓶吹气。

会发生什么

当用力吹气的时候，蜡烛会被吹灭。

为什么会这样

因为当对着瓶子吹气时，瓶子后面会形成低压区，其周围的空气流就会沿着瓶身的曲线往低压区流动，于是火焰就被产生的气流吹灭了。

我们还可以用和瓶子大小一样的方形盒子代替瓶子，再对着蜡烛吹气，这次无论多么用力，都无法将蜡烛吹灭。这是因为空气碰到方形的盒子后，会遇到很大的阻力，它会向四面散开，而不是转弯。然而，碰到圆形的瓶子，空气遇到的阻力非常小，于是气流就能沿着瓶身的曲线冲到对面去。还可以再做一个实验，在蜡烛和人之间放上3个瓶子，然后吹气，也能把瓶子后面的蜡烛吹灭。因为空气可以绕着瓶子中间的缝隙行进，这样蜡烛就能被吹灭了。

69. "难舍难分"的杯子（难度：★★★☆☆）

为什么两个杯子"难舍难分"？

你需要

· 2个大小一样、杯口平整的玻璃杯
· 火柴
· 吸水纸
· 水

这样做

· 把吸水纸打湿。
· 点燃几根火柴，放入1个玻璃杯中。
· 迅速用吸水纸盖住杯口。
· 把另外一个杯子倒扣在吸水纸上，并与另外一个杯子的口对齐。
· 当火柴熄灭之后，拿起上面的杯子。

会发生什么

　　2个杯子紧紧闭合，吸在一起。拿起上面的杯子，下面杯子被同时提起。

为什么会这样

　　杯子里的火柴燃烧，把一部分空气排出。盖上另外一个杯子，火柴会把2个杯子里的氧气同时燃烧完。等火柴熄灭，杯子内部的空气远远少于外部，外部空气想进来，但被吸水纸挡住，杯子外的大气压力把2个杯子紧紧地压在了一起。

70.青烟不流动（难度：★★★☆☆）

为什么青烟不会袅袅升起?

你需要
· 2个玻璃杯
· 热水
· 冰水
· 细线
· 火柴
· 杯垫

这样做

· 用冰水冲洗1个杯子，并擦干净。

· 把细线的一段点燃放在用冰水洗过的杯子里。

· 用杯垫盖在杯子上，直到杯子里充满烟雾。

· 用热水冲洗另一个杯子，并擦干净。

· 把热杯子倒扣在杯垫上，并与下面杯子的杯口对齐，随后抽走杯垫。

会发生什么

烟雾并不会随着杯垫的抽走而上升。当把2个杯子上下颠倒，烟雾也不会从冷杯子下降到热杯子。当热杯子冷却之后，烟雾才充满2个杯子。

为什么会这样

密度较大的冷空气会下沉。在这个实验中，烟雾在冷杯子里被冷却，由于温度较低，被阻挡在热空气下面，上升不了。热杯子冷却之后，内部的空气也跟着冷却，当上下空气的温度相同的时候，较轻的烟雾就会上升。

71.点不着的火柴（难度：★★★★☆）

为什么蜡烛无法被火柴点燃？

你需要
· 1个高口玻璃杯
· 1根蜡烛
· 1袋面粉
· 醋
· 火柴

这样做

· 把1勺面粉和一点醋倒在玻璃杯中混合好（注意：会有泡沫产生）。
· 立刻把蜡烛放入玻璃杯，试着用火柴把蜡烛点燃。

会发生什么

火柴熄灭了，你无法点燃蜡烛。

为什么会这样

面粉里添加了纯碱，纯碱与醋反应生成二氧化碳、水和醋酸钠。二氧化碳会阻止火焰燃烧，因此点燃的火柴在靠近蜡烛前，就会因杯子中充满二氧化碳而熄灭。灭火器中为什么含有二氧化碳呢？因为二氧化碳气体要比空气重，会覆盖在火焰上，阻止火焰燃烧。

72.看见声音（难度：★★★☆☆）

声音真的可以振动物体吗？

你需要

· 1卷铝箔纸
· 1根30厘米长的细线
· 1个高脚玻璃杯
· 1把铜勺

这样做

· 把铝箔纸捏成一个球。
· 把铝箔纸球系在线的一端。
· 把玻璃杯放在桌子上。
· 提着细线，使铝箔纸球刚好接触到杯子边缘。
· 用铜勺敲击玻璃杯的一边。

会发生什么

当你用铜勺敲击玻璃杯时，铝箔纸球会立刻被弹开。

为什么会这样

声音是一种压力波：当演奏乐器、拍打一扇门或者敲击桌面时，这些物体的振动会引起介质——空气分子有节奏地振动，使周围的空气产生疏密变化，形成疏密相间的纵波，这就产生了声波，这种现象会一直持续到振动消失为止。因此当我们敲击玻璃杯，玻璃杯会振动并发出噪声，声波通过空气的振动传递，作用到铝箔纸团上，促使铝箔纸团运动。

73.收集指纹（难度：★★★☆☆）

警察破案的时候，会收集指纹，他们是怎么收集到的？

你需要
- ·1个玻璃杯
- ·油画笔
- ·1袋面粉
- ·1卷胶带
- ·1张黑色卡纸
- ·1个盘子

这样做

·用出汗的手指在玻璃杯上用力压一下。

·倒一点面粉在盘子里。

·用油画笔蘸一点面粉刷在手指按的那一片杯壁上。

·轻轻扫去多余的面粉。

·剪一小块胶带，贴在手指按压的地方。

·然后小心地撕下胶带。

·把胶带贴在黑色卡纸上，然后再轻轻撕下。

会发生什么

纸上出现了一枚白色的指纹。

为什么会这样

每个人的指纹都是不同的，人的皮肤总是会分泌油脂和汗液，摸一下玻璃杯，手上的汗液和油脂就会遗留在玻璃杯壁上，油脂又吸附了面粉，用胶带可以完全复制。

指纹具有遗传性和不变性，尚未发现不同的人拥有相同的指纹，每个人的指纹都是不一样的。由于指纹是每个人独有的标记，几百年来，罪犯在犯罪现场留下的指纹，成为警方追捕疑犯的重要线索。现今指纹识别的方法已经网络化，识别程序也更快更准。

74.筷子的魔力（难度：★★★☆☆）

把一根筷子插入一个装满米的杯子中，你能把米和杯子一起提起吗？

你需要
- 1根木筷子
- 1个塑料杯子
- 一些大米

这样做
- 把米倒满杯子。
- 用手把米压实。
- 用手按住米，从指缝里插入筷子。

会发生什么

当你提起筷子的时候，米和杯子会一起被提起。

为什么会这样

物体与物体之间有摩擦力，而摩擦力的大小与物体表面的粗糙程度、物体间的压力有关，表面越粗糙、物体间的压力越大，则摩擦力越大。

本实验中，杯子的深浅也会影响实验的结果，因为摩擦力的大小与接触面积也有关，更深的杯子，接触面积更大，材料更加紧实，摩擦力也就更大。

同时，由于杯内米粒之间的挤压，使杯内的空气被挤出来，杯子外面的大气压大于杯内的压力，使筷子和米粒紧紧地贴合在一起，所以筷子就能将盛米的杯子提起来。

所以，实验能够成功是各种因素的综合结果，不仅和摩擦力有关，还与大气压强有关。

如果将米粒换成绿豆就很难成功，这是因为绿豆表面太过光滑，再加上空隙无法被完全填满，所以筷子无法将装满绿豆的杯子提起来，换成米粒或是沙子就容易多了。

75.神奇的筷子（难度：★★★☆☆）

为什么看起来很重的矿泉水瓶不会倒呢？

你需要

· 1整瓶矿泉水
· 3个大小、高度完全一样的纸杯
· 3根长度、粗细完全一致的筷子

这样做

· 将3个纸杯倒扣在桌面上。
· 将3根筷子摆成如图所示的三角形。
· 将一整瓶矿泉水放在中间搭建好的三角形架子上。

会发生什么

矿泉水瓶稳稳地立在三角形架子上，丝毫没有要掉下来的意思。

为什么会这样

利用三角形的稳定性原理，将筷子搭建成三角形，筷子的受力点是相同的，具有一定的稳定性，既可以承重，又不会掉下来。

生活中有很多地方都用到了三角形的稳定性，例如自行车架、篮球架、相机三脚架等。

76.筷子上的乒乓球（难度：★★★☆☆）

为什么多大力气都吹不开两个乒乓球呢？

你需要

· 2个乒乓球
· 1双筷子
· 1根吸管
· 1卷双面胶

这样做

· 用双面胶将筷子粘在平整的桌面上，注意筷子间的距离要小一些。
· 把2个乒乓球分开一段距离放在筷子上。
· 用吸管向乒乓球中间吹气。

会发生什么

2个乒乓球没有被吹跑反而互相靠拢。

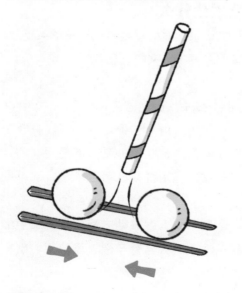

为什么会这样

为什么用吸管往2个乒乓球中间吹气，乒乓球不会被吹开，反而靠拢在一起？这是因为空气流速大的地方压强小，也就是我们经常提到的"伯努利定理"。实验中，我们用吸管向2个乒乓球中间吹气，乒乓球外面两侧的空气压力不变，但乒乓球中间的气流加快，空气压力变小，所以乒乓球外侧的空气会向乒乓球施加压力，使乒乓球互相靠近。

77.做一个磁铁（难度：★★★★☆）

一节电池、一根电线、一颗铁钉、一块铁片，它们在一起会发生什么有趣的事情？

你需要

· 1节1.5伏的电池
· 1根约50厘米长的
  细电线
· 1颗大铁钉
· 1块小铁片
· 胶带

这样做

· 将电线绕着钉子缠十几圈。
· 用钳子把电线两端的保护皮剥除。
· 用胶带把电线两端固定在电池的两极。
· 将小铁片靠近铁钉。

会发生什么

小铁片靠近铁钉，会被铁钉吸住。

为什么会这样

内部带有铁芯、外部缠有电线圈的装置，连接1.5伏的电池通电后，在电线的周围会产生磁场，磁场使钉子具有了磁性。断电后这种特性也随之消失。磁性的大小可以用电池的强弱或线圈的圈数来控制，当增加电线圈数或电池节数时，磁性变大，铁芯吸起的小铁片的数量也会随之增加。

78.自制柠檬汽水（难度：★★★★☆）

汽水为什么有气？

你需要
· 1个柠檬
· 纯净水
· 糖
· 小苏打
· 1个玻璃杯
· 1把水果刀
· 1个汤勺

这样做
· 用水果刀切开柠檬，把柠檬汁挤入玻璃杯中。
· 加入半杯纯净水。
· 加入1小勺小苏打，轻轻摇晃杯子，使小苏打充分溶解到水中。
· 加入2勺糖，使糖充分溶解到水中。

会发生什么

喝一口，感觉像不像你在超市里买的汽水？如果柠檬汁、小苏打、水和糖的比例合适，口感会更好。

为什么会这样

汽水其实就是一瓶二氧化碳的水溶液，汽水的刺激味道就是来源于溶解在水中的二氧化碳。工厂里制造汽水通常是通过加压的方法，使二氧化碳溶解在水里。溶解的二氧化碳越多，汽水的口感也越好。

小苏打能和柠檬汁里面的柠檬酸发生化学反应，产生二氧化碳，一部分二氧化碳溶解到水中，使瓶内溶液充满二氧化碳。汽水中含有的二氧化碳，可以帮助我们排出体内的热量，所以夏天我们喝汽水时会觉得清凉爽口。

79.自制彩虹（难度：★★★☆☆）

为什么手电筒的光经过水的反射后，就能在白纸上呈现七色光？

你需要
· 1只手电筒
· 1个托盘
· 1面镜子
· 水
· 1张白纸

这样做

· 在托盘里装满水。

· 把镜子斜靠在托盘的一边。

· 设法将镜子固定。

· 让手电筒的光照在水下部分的镜面上。

· 将白纸在手电筒的上方举起来，接住镜子反射出来的光。

会发生什么

白纸上出现的反射光为红、橙、黄、绿、青、蓝、紫七种颜色。

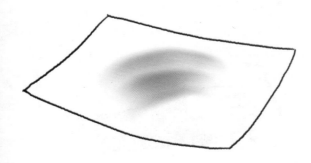

为什么会这样

白色光被水折射后会分解成光谱上的七种颜色。光在穿过水面时发生了折射，由于组成白色光的各种色光的折射角度各不相同，所以，它们会从不同位置射出水面，最后投射在白纸上，形成一道"彩虹"。

80.自制温度计（难度：★★★★☆）

如果你手边没有温度计，如何知道每天的温度变化呢？

你需要

· 1个带盖的矿泉水瓶

· 1根吸管

· 1张纸片

· 红色色素

· 1支铅笔

· 橡皮泥

· 水

· 锥子

这样做

· 用锥子在矿泉水瓶瓶盖上开一个和吸管直径一样大小的孔。

· 在矿泉水瓶里装入四分之三的水，并加入一点红色色素。

· 将吸管穿过瓶盖，插入瓶中。

· 用嘴吸吸管，使吸管里的水超过瓶盖，注意不要吸到口里。

· 固定吸管，并密封瓶盖。

· 在小纸片上画上刻度，并用橡皮泥和吸管固定一起。

· 放在室外。

· 隔段时间就观察一下吸管里水的高度，并记录下刻度。

会发生什么

白天吸管里的水会上升，天气越热，水位越高，晚上水位会下降。

为什么会这样

瓶子里的空气因受热压力变大，压迫水外溢，从而使吸管里的水位上升；温度下降，空气收缩，吸管里的水位也会相应下降。外界温度不同，瓶里空气的压力变化也不同，根据吸管里水位的高低，就能确定不同时间的气温情况。

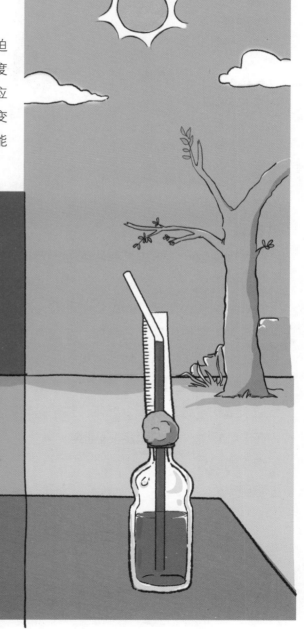

81.自制风向袋（难度：★★★☆☆）

如何知道风从哪里来，到哪里去？

你需要
- 1张宣纸
- 卡纸
- 4根长短一样的细绳
- 1根木棒
- 1把剪刀
- 画笔
- 胶水

这样做

- 将宣纸剪成一个短边长40厘米的长方形。

- 将卡纸剪成一个宽5厘米、长40厘米的长方形。

- 将卡纸的长边和宣纸的短边粘贴在一起。

- 将多余的宣纸剪几个三角形，做成风向袋的尾巴。

- 用胶水把几个三角形粘到宣纸的另外一头。

- 用画笔在宣纸上画出自己喜欢的图案。

- 把卡纸和宣纸卷成一个纸环，并粘贴牢固。

- 在卡纸环上，均匀固定4根细绳。

- 细绳的另外一端系上木棒。

- 拿到户外。

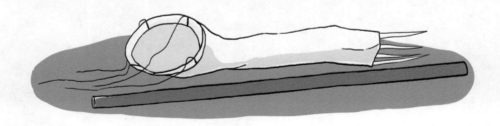

会发生什么

风一吹过, 风向袋灌满风, 就会飞起来。

为什么会这样

风向是风吹过来的方向, 和风向袋飘向的方向相反。风力大的时候, 风向袋会

被吹起来; 风力小的时候就会垂下来。

风向袋是指示风向和表示大致风速的装置。有风时风吹进袋口, 使风向袋后端指示风的去向; 风向袋与木棒的夹角越小, 表示风速越小。风向袋广泛应用于气象、化工、环保、农业、油田勘探等领域。

82.自制孔明灯（难度：★★★★☆）

为什么孔明灯点火就能升起来？

请在家长协助下操作

你需要
- 1把竹篾
- 3张白纸
- 3根细铁丝
- 酒精
- 糨糊
- 脱脂棉
- 小刀
- 1盒火柴
- 1个伙伴

这样做

- 用3张白纸糊成一个顶端密封的圆柱体。
- 用宽1厘米、厚0.1厘米的竹篾，做一个周长和白纸圆柱体底口一样长的圆圈。
- 再用2根细铁丝拴在竹篾做的圆圈上，2根铁丝需要相互垂直。
- 用糨糊把竹篾圆圈和圆柱体白纸的底口粘贴在一起。
- 用细铁丝扎1个小圆圈，周围包上脱脂棉。
- 将包着脱脂棉的铁丝圆圈绑在2根细铁丝的交叉处。
- 用酒精把脱脂棉浸透。
- 1人轻托着灯底的左右侧。
- 另1人用火柴点燃脱脂棉。

会发生什么

当轻托着灯的人感觉到孔明灯有上升趋势的时候，慢慢松开双手，孔明灯就徐徐上升,飞了起来。

为什么会这样

孔明灯又被称为天灯、文灯，相传是三国时的诸葛亮发明的。孔明灯在古代多作军事用途，现代人放孔明灯多为祈福。

孔明灯的原理和热气球的原理相同，灯内部燃烧的火焰会加热周围的空气，这时热空气膨胀，密度变小，于是上升，由于孔明灯是半封闭的，可以聚起热量，为孔明灯产生浮力，从而让孔明灯顺利地飘起来。

83.制作风车（难度：★★★☆☆）
风力发电的原理是什么？

你需要
· 1张边长为20厘米的
  正方形画纸
· 1把剪刀
· 1颗图钉
· 胶水
· 纸筒

这样做
· 将画纸对角两两对折，然后展开。
· 沿着对角线，用剪刀向中心剪一半距离。
· 把四个互不相邻的角依次弯向中心，用胶水粘牢，扇叶不能压出折痕。
· 用图钉穿过中心，把扇叶固定在纸筒上。
· 对着做好的风车吹气。

会发生什么
当你把空气吹向风车的时候，风车就跟着转动了起来，吹的风越大，风车转得越快。

为什么会这样
风车的扇叶形状，可以使风在弯起来的扇叶中吹过，从而改变风向，给风一个转向力。那么，风也给了扇叶一个反方向的力，在该力的作用下，风车就会绕着自身的轴转动，也就促成了风车的旋转。

风力发电采用的巨型风车，也是利用这个原理，将风能转化为电能。因为风能是由空气流动产生的一种动能，属于清洁能源，没有污染，对环境的破坏也很小，所以我国和世界上很多国家都在利用风力发电。

84.简易相机（难度：★★★☆☆）

为什么我们看到的像是倒立的?

你需要
- 2张硬卡纸
- 双面胶
- 1张硫酸纸
- 1把剪刀
- 1把尺子

这样做

- 做1个截面为正方形的长方体，留1个底面不封。
- 做1个略小一点的相似长方体，2个底面都不封。
- 大长方体的封口中间开1个直径为0.5厘米的孔。
- 在小长方体的一端封上硫酸纸。
- 将小长方体密封的一端插入大长方体。

会发生什么

前后伸缩就能在硫酸纸上看到清晰的倒立画面。

为什么会这样

物体发出的光线，经过小孔后，在硫酸纸上生成倒立的实像。极小的孔使得物体各点的光只能到达各自的像点，而不重叠，从而获得清晰的像。开的孔越小，通过孔的光线就越少，像的亮度也就越低。

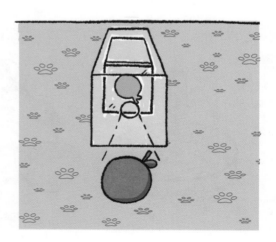

85.制作塑料（难度：★★★★☆）

塑料只能在化工厂制作吗？

你需要
- 1个碗
- 1杯纯牛奶
- 醋
- 1把汤勺
- 1个平底锅
- 1个滤勺
- 水

这样做

- 用平底锅加热牛奶，直到沸腾。

- 把牛奶倒入碗中。

- 往碗里加入5勺醋。

- 搅拌均匀，直到出现白色块状物。

- 用滤勺筛出块状物。

- 用水清洗，并用干净抹布不断挤压。

压

会发生什么

一团硬硬的塑料状的物体出现在眼前。

为什么会这样

牛奶中含酪蛋白分子，这种蛋白分子通常卷成紧密的球状，但是遇到酸之后，它们就像纤维一样松开，伸展成长分子，这些长分子聚集在一起成为块状聚合物。

如果想制作成真正的塑料，还需要经过一道工序——用甲醛浸泡。甲醛起到了交联酪蛋白分子的作用，最终就可以形成一种无嗅、不溶于水、不致敏、抗静电、几乎不可燃，而且可以生物降解的塑料了。在20世纪50年代以前，牛奶酪蛋白被用来制作塑料，制成扣子、首饰等物品。

86.自制护耳器（难度：★★☆☆☆）

在高噪声环境里工作，怎样才能保护好你的耳朵？

你需要
- 2个小纸碗
- 1个金属罐
- 石子
- 棉花
- 1个朋友

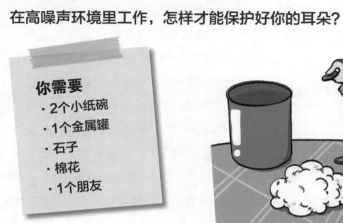

这样做

- 让朋友把石子投进金属罐里，听听它的声音。
- 把2个小纸碗分别扣在自己耳朵上。
- 再让朋友把石子投进金属罐里，听听它的声音。
- 然后把棉花填充在纸碗里，再扣在自己耳朵上。
- 再让朋友把石子投进金属罐里，听听它的声音。

会发生什么

直接听噪声最大，用棉花填充之后，听到的噪声最小。

为什么会这样

声音通过声波传递到人的耳朵里，人才能听到声音。当声音的发出地和人耳之间没有阻挡物的时候，听到的声音是最大的。当我们拿纸碗阻挡时，声音会变小，再通过棉花的阻挡，改变声波传播的路径，声音就会变得更小。

87.降落伞（难度：★★★☆☆）

飞行员在空中遇到紧急情况，用什么逃生？

你需要
- 1块手帕
- 4根细绳
- 1个衣夹

这样做

- 4根细绳系紧手帕的4个角。
- 把4根绳子调整成相同长度，另外一端系在一起。
- 将夹子夹在打结处。
- 在空旷的地方，把手帕和绳子折叠好，用力扔向空中。

会发生什么

刚开始下降的时候，手帕下降的速度很快，手帕展开之后，下降速度会突然变慢。

为什么会这样

伞体打开，会兜住空气。这些空气会把降落伞往上顶起，形成了空气阻力，减小下降速度。降落伞会使人或物体下降到地面的速度减小为人或物体能够承受的速度，避免由于速度过快摔伤致残，或者损害物品。

降落伞广泛应用于航空航天领域，主要有：人用伞，供人员从空中返回地面使用的降落伞；投物伞，空投各种物资的投物伞、航弹伞等；阻力伞，用于各种飞机着陆的刹车伞等。

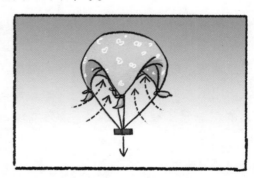

88.自制打气筒（难度：★★★☆☆）

为什么气球会鼓起来?

你需要
- 1个小塑料瓶子
- 2个气球
- 1把剪刀
- 1根橡皮筋

这样做

- 在瓶盖和瓶身上各开一个小孔。
- 将一个气球剪下一块，取"气球肚子"部分。
- 用橡皮筋把剪下来的气球固定在瓶口位置。
- 把套在瓶盖上的气球的上下左右各划一个小口。
- 将新气球套在"打气筒"上，用手按住瓶身的小孔，挤压瓶子再松开，循环几次。

会发生什么

新气球被空气充起来了。

为什么会这样

瓶盖上割开的气球相当于一个气阀，当挤压塑料瓶时，瓶内气压增大，空气挤开气球膜，进入新气球。松开塑料瓶后，气球内压力更大一些，但空气把套在瓶盖上的气球紧压在瓶盖上，不会有气体出去。如此多次，气流源源不断地被压进气球内，气球就被吹大了。

89.招蜂引蝶（难度：★★★☆☆）

糖溶液和彩色纸片为什么可以吸引蝴蝶和蜜蜂？

你需要
· 几张彩色纸片
· 几个小碟子
· 砂糖
· 水
· 勺子

这样做

· 在每个小碟子里加入1勺糖和半勺水，搅拌均匀。
· 把彩色纸片放在花园中。
· 把碟子放在纸片上。

会发生什么

过了一段时间，会有一些蜜蜂、蝴蝶和其他昆虫过来吃糖。

为什么会这样

蜜蜂、蝴蝶等昆虫具有高度发达的复眼，可以看到很多我们人类看不见的颜色。本实验中，花园里的昆虫被彩色的纸片和糖溶液的香味所吸引，纷纷聚集在碟子上。

搅拌

90.聪明的蚂蚁（难度：★★☆☆☆）

蚂蚁是怎么相互传播消息的？

你需要
· 面包屑
· 放大镜

这样做
· 把一些面包屑放在蚂蚁经常出没的地方。
· 用放大镜观察蚂蚁的行为。

会发生什么

只要有一只蚂蚁发现了食物，很快就会出现一群蚂蚁聚集起来，并把食物搬走。

为什么会这样

蚂蚁是靠分泌物的气味来传递信息的，它们的触角可以帮助它们捕捉到彼此之间的气味或其他蚂蚁留下的气味。蚂蚁头上的一对触角既是感觉器官，也是十分灵敏的嗅觉器官，触角上面有很多微小的小孔，小孔里有非常灵敏的嗅觉细胞，具有检查食物、探触音波、传递信息等作用。

蚂蚁如果找到食物，就会从腹部末端分泌出一种物质，其他蚂蚁嗅到这种物质的气味后，就会顺着这条路去寻找和搬运食物。

91.瓶子里的果蝇（难度：★★★★☆）

放水果的瓶子里为什么会有果蝇在飞？

你需要
· 苹果等水果块
· 1个玻璃瓶
· 纸巾
· 橡皮筋

这样做
· 把水果块放进瓶子里。
· 把瓶子放到暖和明亮的地方。
· 几天之后，把瓶子拿回来。
· 用纸巾和橡皮筋把瓶口封住。
· 过一些日子，往瓶里放入一些新鲜水果块。

会发生什么
　　十几天之后，瓶子里就有嗡嗡的声音，是一些果蝇的成虫在里面飞来飞去。

为什么会这样
　　当瓶子敞口放置时，被水果香味吸引过来觅食的果蝇，会将卵产在水果中。过了一段时间，果蝇产在水果里面的卵孵化出了幼虫，幼虫最后变成了成虫。

92.植物叶片变蓝（难度：★★★★☆）

如何使绿色的植物叶片变成蓝色？

请在家长协助下操作

你需要
· 植物嫩叶片
· 1个大烧杯
· 1个小烧杯
· 水
· 碘酒
· 75%的酒精
· 酒精灯
· 火柴
· 镊子

这样做
· 把植物嫩叶放在小烧杯里。
· 小烧杯内加入酒精，浸入叶片。
· 大烧杯内倒入三分之一的水。
· 把小烧杯放入大烧杯中。
· 用酒精灯加热大烧杯，直到小烧杯里的酒精沸腾。
· 取出叶片并擦干。
· 在叶片上滴碘酒。

会发生什么

酒精沸腾使叶片变成黄白色，在白色叶片上滴碘酒，叶片变成蓝色。

为什么会这样

实验中，酒精加热致使叶片中的细胞大量死亡，被破坏后的细胞中的叶绿素扩散到酒精溶液中，酒精变成淡绿色，而叶片因为失去叶绿素而变成了黄白色。

取出叶片，滴上碘酒，由于叶子光合作用时会产生淀粉，当淀粉与碘作用时，会发生化学反应变成蓝色，所以叶片也变蓝了。

93.绿叶上的爱心（难度：★★★☆☆）

怎样才能使绿叶上"长出"一颗一颗的爱心？

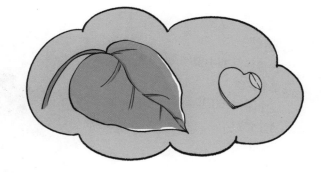

你需要
· 有较大绿色叶片的植物
· 心形贴纸

这样做
· 把心形贴纸贴在较大绿叶的中间。
· 把植物放在阳光充足的地方。
· 过十几天撕掉贴纸。

会发生什么
心形贴纸的地方呈现出一个浅绿色的爱心。

为什么会这样
心形的贴纸遮住了阳光，阻碍了植物光合作用的进行，遮挡的地方叶绿素慢慢变少了，颜色自然变浅了。

94.向着光明生长（难度：★★★★☆）

小麦幼苗为什么会弯曲生长？

你需要
· 长势相同的小麦幼苗2株
· 2个花盆
· 2个不透光的纸盒
· 1个台灯
· 剪刀
· 泥土

这样做

· 将2株小麦幼苗分别栽种在2个花盆里。

· 将2个不透光的纸盒分别罩在花盆上。

· 用剪刀在其中1个不透光的纸盒一侧挖一个直径为1厘米的孔。

· 白天将小麦幼苗放在阳光下，晚上放在台灯下照射，光可以从小孔透入纸盒。

· 一段时间后，打开纸盒，观察小麦幼苗的生长情况。

会发生什么

经过一定时间后，有小孔的纸盒里的小麦幼苗会向小孔的方向弯着生长，而不透光的纸盒里的小麦幼苗则直立向上生长。

为什么会这样

植物生长具有向光性。完全不透光的纸盒里的小麦幼苗因为没有受到光源的影响，所以会直立向上生长。而开了小孔的纸盒里的小麦幼苗，会受到透过小孔的光源影响，从而向着光源弯曲生长。

95.唤醒生命的条件（难度：★★★☆☆）

需要哪些条件才能唤醒种子里的生命？

你需要

· 一些种子
· 3个杯子
· 水
· 纸巾

这样做

· 把种子分别放入3个杯子里。

· 第1个杯子，垫一些纸巾，浇适量的水，保持湿润。

· 第2个杯子，保持干燥状态。

· 第3个杯子，倒入半杯水，把种子完全浸泡在水里。

· 把3个杯子放在阳光充足的地方。

会发生什么

几天之后，第1个杯子里的种子发芽了，第2个和第3个杯子里的种子都没有发芽。

为什么会这样

种子的发芽需要适宜的温度、充足的空气和适量的水分。3个杯子都放在阳光下，所以3个杯子里的种子都有适宜的温度。但是第2个杯子里的种子没有适量的水分，第3个杯子里的种子浸在水中，没有充足的空气，所以，第2个和第3个杯子里的种子没有发芽。

96.向上冲（难度：★★★★☆）

为什么植物幼苗总是向上生长?

你需要

· 2盆种在花盆里的黄瓜苗

· 几块砖头

这样做

· 将一盆黄瓜苗侧放在一个阳光充足的地方。

· 用砖头搭建一个中空的架子。

· 把另外一盆黄瓜苗倒着放在架子的中间。

· 定期浇水，保持土壤湿润。

会发生什么

过一段时间，侧放的黄瓜苗会朝上生长；倒着放的黄瓜苗，也会从花盆的边缘爬上花盆，朝上生长。

为什么会这样

植物总是朝着有阳光的方向生长，使叶面与阳光垂直，这叫作"向光性"。根由于地心引力的作用，向地下生长，叫作"向地性"。植物的"向光性"和"向地性"，让植物的茎和叶向上生长，根向下生长。

97. "吃醋"的种子（难度：★★★☆☆）

为什么泡了醋的绿豆不发芽？

你需要

· 十几颗绿豆
· 2个瓶子
· 水
· 醋
· 纸巾

这样做

· 每个瓶底分别垫一张纸巾。
· 将种子分别放进2个瓶子里。
· 1个浇适量的水。
· 1个浇适量的醋。
· 放在阳光充足的地方，并保持纸巾湿润。

会发生什么

　　几天之后，浇水的种子已经发芽，并且长势旺盛，而浇醋的种子则没有发芽。

为什么会这样

　　首先，醋含有醋酸，是酸性的，种子在酸性的环境中不能发芽；其次，醋的浓度高于种子细胞液的浓度，当外界环境溶液的浓度高于种子细胞液的浓度时，种子会脱水失去活性，也不能发芽。

98.白光实验（难度：★★★☆☆）

我们看到的白光，是什么样的？

你需要

· 3只手电筒
· 红色、蓝色、绿色三色玻璃纸
· 3根橡皮筋
· 白墙
· 黑暗的房间

这样做

· 把红色玻璃纸放在手电筒上，用橡皮筋把红色玻璃纸固定，让灯光成红色。

· 按照同样方法，把绿色和蓝色玻璃纸分别固定在另2个手电筒上。

· 在黑暗的房间，让3种颜色的光照射到白色墙壁上。

· 调整手电筒，使3种光束重合。

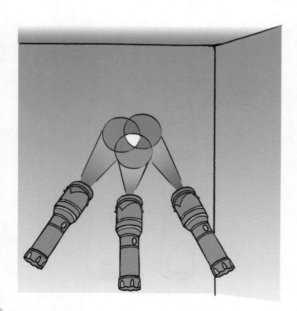

会发生什么

在3种光束重合的地方，光是白色的。

为什么会这样

白光是可见光中所有颜色的混合体，而红、蓝、绿3种颜色的光又是最基本的光元素，被称为光学三原色。所以红、蓝、绿3种颜色的光束重合，就会出现白色的光。

99.彩色的陀螺（难度：★★★★☆）

为什么快速转动彩色陀螺时，眼睛分辨出来是白色的？

你需要

· 1把圆规
· 1张A4的白色厚纸
· 1个带半圆刻度的三角板
· 1把剪刀
· 1根牙签
· 七色彩笔

这样做

· 用圆规在白纸上画出1个半径为5厘米的圆（直径为10厘米）。
· 将圆裁剪下来，整个圆为360度。
· 从圆心往外画一条直线，将三角板贴在这条直线上，分别量6次51度，每次量完都用铅笔画一条直线。圆被分成了7份。
· 将其中一份涂成红色，然后按顺时针方向依次涂上橙色、黄色、绿色、青色、蓝色、紫色。
· 用牙签穿过圆心，像玩陀螺一样，以牙签为轴转动圆盘。

会发生什么

当彩色陀螺飞速转动时，你根本无法分清具体的颜色，整个陀螺看上去完全是白色的。

为什么会这样

太阳光是由红、橙、黄、绿、青、蓝、紫七种颜色组成的，人们称之为"光谱色"。快速转动彩色陀螺，我们的眼睛无法分辨出具体的颜色，所有的颜色都混杂在一起，最终形成近似白色的光。所以白色是光谱色的总和，而黑色不是一种颜色，它是没有光的一种表现。

100.神奇的视力检测（难度：★☆☆☆☆）

你是左撇子还是右撇子？

你需要

- 1支铅笔
- 任意实物（水果、花盆或杯子）

这样做

- 一只手拿起铅笔，然后伸直胳膊朝向前方。
- 在一段距离之外，用铅笔确定1个固定物体为参照物，比如1个水果、1个花盆或者1个杯子。
- 闭上左眼。
- 睁开左眼，然后闭上右眼。

会发生什么

当睁开一只眼睛时，铅笔还在原来的位置上，而当你闭上这只眼睛，睁开另一只眼睛时，铅笔就明显地跳向了另一侧。

为什么会这样

生活中大多数人都是右撇子，因此习惯用右眼。如果你也习惯用右眼，那么当你闭上左眼时，铅笔看上去位于中间，但是如果你再将右眼闭上，用左眼观察，铅笔看上去就明显右移了。对于习惯用左眼的人来说，情况则正好相反。原因很简单：如果两只眼睛的视线方向完全一致，那么我们所注视物体前方或后方的东西看上去都将是重影的。正常情况下，当人用双眼看一个远处的物体时，因为两个眼睛中间是有间距的，两眼的视线是不平行的，最终相交在物体上。物体的远近不同，每个眼睛偏转的角度也会不同。

101.把鱼放进鱼缸里（难度：★★★★☆）

准备一张画有鱼缸的图片和一张画有鱼的图片，怎样才能使鱼游进鱼缸里？

你需要

· 1把剪刀
· 2张直径5厘米大小的
  硬质圆纸片
· 水彩笔
· 双面胶
· 细绳

这样做

· 在一张纸片的中间画一个鱼缸。
· 在另外一张纸片的中间画一条小鱼。
· 把2张纸片的背面用双面胶粘在一起，注意鱼与鱼缸方向是相反的。
· 用剪刀在纸片的两边打2个小孔，每个小孔系上1根细绳。
· 每只手捏1根绳子，捻动、旋转绳子。

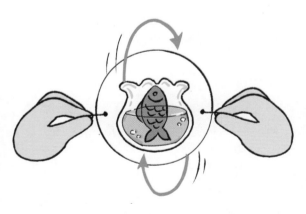

会发生什么

　　旋转得慢的时候，先看到鱼缸，然后是小鱼。当旋转得够快的时候，小鱼就"游"进了鱼缸。

为什么会这样

　　这是因为人类眼睛在图像消失后，仍会保留短暂的记忆，在物理学中我们称之为余像。绳子快速旋转，在鱼缸还停留在你的视网膜上时，小鱼已经进入你的视线，你看到的就是小鱼"游"到了鱼缸里。

术语表

·表面张力

水等液体会产生使表面尽可能缩小的力，这个力称为"表面张力"。清晨凝聚在叶片上的水滴、水龙头缓缓垂下的水滴，都是在表面张力的作用下形成的。

·分子运动

分子的存在形式可以为气态、液态或固态。分子除具有平移运动外，还存在着分子的转动和分子内原子的各种类型的振动。

·浮力

浸在流体内的物体受到流体竖直向上托起的作用力叫作浮力。

·负压

低于常压（即常说的一个大气压）的气体压力状态。

·复眼

复眼由不定数量的小眼组成，主要在昆虫及甲壳类等节肢动物身上出现。

·共鸣

物体因共振而发声的现象，例如两个频率相同的音叉靠近，其中一个振动发声时，另一个也会发声。

·惯性

物质的基本属性之一。反映物体具有保持原有运动状态的性质。在不受外力或所受外力的合力为零时，惯性表现为物体保持原来运动状态不变，即保持静止或作匀速直线运动。在外力作用下，惯性表现为物体运动状态改变的难易，惯性较大的物体，运动状态较难改变，因而在同样大小的外力作用下惯性较大的物体所得到的加速度就较小。

·光合作用

绿色植物（包括藻类）吸收光能，把二氧化碳和水合成有机物，同时释放氧气的过程。

·花青素

又称花色素，是一类广泛存在于植物中的水溶性天然色素，水果、蔬菜、花卉中的主要呈色物质大部分与之有关。

·介质

物体系统在其间存在或物理过程（如力和能量的传递）在其间进行的物质。一般指空间范围内分布的实物，如空气、水等。

·静电

一种处于静止状态的电荷或者说不流动的电荷。

·聚焦

控制光或粒子流，使其会聚于一点的过程。如凸透镜能使平行光线聚焦于透镜的焦点。

·扩散

物质系统（气体、液体或固体）由于内部各处密度不均匀而引起的分子或物质微粒从密度较大处向密度较小处输运的现象。

·力矩

表示力对物体作用时所产生的转动效应的物理量。

·密度

单位物体所含物质的疏密程度。物质的密度是它的质量和体积的比值。

·摩擦力

两个相互接触的物体，当它们发生相对运动或具有相对运动的趋势时，就会在接触面上产生阻碍相对运动或相对运动趋势的力，这个力就是摩擦力。

·凝固

物质从液态变为固态的过程叫凝固。凝固时要放热。

·热膨胀系数

物体由于温度改变而有胀缩现象，热膨胀系数表示物体随温度变化的长度或体积。

·熔点

晶体由固态转变（熔化）为液态的温度。

·渗透

水分子经半透膜扩散的现象。它由低浓度溶液渗入到高浓度溶液，直到半透膜两边的水分子达到动态平衡。

·声波

发声体产生的振动在空气或其他物质中的传播叫作声波。

·向光性

植物生长器官受单方向光照而引起生长弯曲的现象称为向光性。

·向心力

当物体沿着圆周或者曲线轨道运动时，指向圆心（曲率中心）的合外力。

·压强

物体所受压力的大小与受力面积之比叫作压强。压强用来比较压力产生的效果，压强越大，压力的作用效果越明显。

·氧化

氧元素与其他元素发生的一种化学反应。

·叶绿素

高等植物和其它所有能进行光合作用的生物体所含有的一类绿色色素。

·折射

光从一种透明介质斜射入另一种透明介质时，传播方向一般会发生偏折，这种现象叫光的折射。

·蒸发

物质从液态转化为气态的过程叫汽化，汽化有蒸发和沸腾两种形式。不用达到沸点，在任何温度下都能发生的汽化现象叫蒸发，蒸发要吸收热量。

101个生活实验

为什么天空是蓝色的？为什么淋上橙子皮汁的气球会爆炸？鸡蛋在盐水里为什么会浮上来？酵母是怎么让面包变得松软的？汽水里的气是哪里来的？蚂蚁是怎么传递消息的……你的小脑袋里是否也想过这些千奇百怪的问题？

生活中处处都有"魔法"，这就是科学。关于科学，我们有好多问题想知道：

· 各种形状的巧克力是如何制作的？
· 怎样用吸管让水分出层次呢？
· 放满水的杯子倒过来，水为什么不会流出？
· 为什么水滴是球形的？
· 为什么植物幼苗总是向上生长？

丰富有趣的现象，浅显易懂的解释，生动形象的插图，《101个生活实验》带你走进神秘的科学世界，让你在快乐中增长知识、开阔眼界。